# Ruby入門

3ステップでしっかり学ぶ

WINGSプロジェクト
竹馬力［著］／山田祥寛［監修］

技術評論社

### ●免責

本書に記載された内容は、情報の提供のみを目的としています。したがって、本書を用いた運用は、必ずお客様自身の責任と判断によって行ってください。これらの情報の運用の結果、いかなる障害が発生しても、技術評論社および著者はいかなる責任も負いません。

また、本書記載の情報は、2017年12月15日現在のものを掲載しております。ご利用時には、変更されている可能性があります。

以上の注意事項をご承諾いただいた上で、本書をご利用願います。これらの注意事項に関わる理由に基づく、返金、返本を含む、あらゆる対処を、技術評論社および著者は行いません。あらかじめ、ご承知おきください。

※本文中に記載されている社名、商品名、製品等の名称は、関係各社の商標または登録商標です。
　本文中に™、®、©は明記しておりません。

# はじめに

　本書で紹介するRubyは、まつもとゆきひろ氏によって開発された日本発のプログラミング言語です。webアプリケーションフレームワークとして有名なRuby on Railsを筆頭に、システムを支えるさまざまな分野で開発言語として利用されています。「ストレスなくプログラミングを楽しむ」ために開発されたRubyは、日本にとどまらず世界中のプログラマーに受け入れられています。

　Rubyは、タイプ量が少なく読み書きがしやすい特徴があります。また、人気と需要が十分あり、開発コミュニティが世界中で活発で情報も豊富です。そのため、プログラミング初心者が最初に入門する言語としても注目を集めています。プログラミング初心者にとって最初のつまずきとなる環境構築も、最近のMacであれば最初からRubyがインストールされており、WindowsでもRubyを簡単にインストールできるよう整備されています。あとは好みのテキストエディタを使ってRubyによるプログラミングを開始することができます。また、ブラウザ上でRubyを試すことができるwebサービスや、初心者向けの学習サイトなどが日々充実してきており、プログラミングを学ぶ最初の言語としてRubyを選択しやすくなっています。

　本書では、Rubyによるプログラミングの基礎を、予習・体験・理解という3ステップのレッスン形式で解説しています。まず、Rubyの特徴を確認しつつ、プログラミングの基本である制御構造を順に説明しています。プログラミングを初めて学ぶ方向けに用語の解説などもできるだけ丁寧にすることをこころがけました。また、初心者向けであることを意識しつつも、Rubyのオブジェクト指向という重要な特徴についても基礎的な部分について解説しています。さらに、Rubyのライブラリを用いて外部APIの実行結果を処理したり、ファイルの読み書きなど、より実践的なRubyプログラミングについても紹介しています。

　Rubyというプログラミング言語の本質はより深く、初心者向けの本書では紹介しきれなかったものもたくさんあります。本書が読者のみなさまにとってRubyプログラミングの入門書として活用され、より深いRubyの世界への第一歩となれば幸いです。そしていつかどこかで、読者のみなさまとRubyプログラマーとしてお会いできることを祈っています。

2017年12月

竹馬　力

# >>> Contents

# 目次

◉ はじめに ................................................ 3
◉ 本書の使い方 ..................................... 8

## 第0章 環境を構築しよう

0-1　Rubyをインストールしよう ............ 10

## 第1章 Rubyの世界へようこそ！

1-1　プログラミングを学ぼう ..................... 14
1-2　プログラミング言語Rubyの特徴を理解しよう　16
1-3　プログラムの実行方法を学ぼう ............ 19
1-4　Rubyを対話的に動作させよう ............ 24
>>> 第1章 練習問題 ............................ 30

## 第2章 プログラムの基本とデータを理解する

2-1　プログラムの構成を理解しよう ............ 32
2-2　データの基本・数値と文字列を理解しよう　37
2-3　変数に代入してデータを扱いやすくしよう　41
2-4　データを演算しよう ........................... 46
>>> 第2章 練習問題 ............................ 52

# 第3章 データのまとまりを扱う

| 3-1 | 配列で複数のデータをまとめよう | 54 |
| 3-2 | ハッシュでデータに名前を付けてまとめよう | 62 |
| 3-3 | データのまとまりを効率的に書こう | 71 |

>>> 第3章 練習問題 ............................................................ 76

# 第4章 条件に応じてプログラムの処理を変える

| 4-1 | 条件分岐を理解しよう | 78 |
| 4-2 | 複数の条件で最適な処理を選ぼう | 85 |
| 4-3 | 条件分岐の特別な書き方を使おう | 91 |

>>> 第4章 練習問題 ............................................................ 96

# 第5章 繰り返し処理する

| 5-1 | 好きな回数処理を繰り返そう | 98 |
| 5-2 | 必要な分だけ処理を繰り返そう | 104 |
| 5-3 | 条件に応じて処理を繰り返そう | 110 |
| 5-4 | その他の繰り返し処理を学ぼう | 118 |
| 5-5 | 複数の要素を処理しよう | 128 |

>>> 第5章 練習問題 ............................................................ 134

# Contents

## 第6章 メソッドで処理する

| 6-1 | メソッドへの理解を深めよう | 136 |
| 6-2 | メソッドの分類について学ぼう | 141 |
| 6-3 | メソッドを自作しよう | 146 |
| 6-4 | 特殊な引数の処理を定義しよう | 151 |
| >>> 第6章 練習問題 | | 158 |

## 第7章 クラスでプログラムをまとめる

| 7-1 | クラスとオブジェクトを理解しよう | 160 |
| 7-2 | クラスの書き方を学ぼう | 163 |
| 7-3 | クラスのメソッドの種類を学ぼう | 167 |
| 7-4 | クラスの変数を使ってみよう | 173 |
| 7-5 | クラス内のデータを読み書きしよう | 179 |
| 7-6 | クラスを継承しよう | 184 |
| >>> 第7章 練習問題 | | 189 |

## 第8章 エラー処理と例外をプログラミングする

| 8-1 | 色々な例外を確認しよう | 192 |
| 8-2 | 発生した例外をつかまえよう | 196 |
| 8-3 | 例外を発生させよう | 201 |
| >>> 第8章 練習問題 | | 204 |

## 第 9 章 モジュールやライブラリを活用する

| 9-1 | モジュールの書き方を学ぼう | 206 |
| 9-2 | 標準ライブラリを使おう | 211 |
| 9-3 | ライブラリを活用しよう | 217 |

>>> 第9章 練習問題 ..... 221

## 第 10 章 実践的なプログラミングに挑戦する

| 10-1 | ファイルを操作しよう | 224 |
| 10-2 | 正規表現で文字列を置き換えよう | 229 |
| 10-3 | ファイルを書き換えよう | 236 |

>>> 第10章 練習問題 ..... 243

●練習問題解答 ..... 245
●索引 ..... 254

# 本書の使い方

本書は、Rubyを使ってプログラミングを学ぶ書籍です。
各節では、次の3段階の構成になっています。
本書の特徴を理解し、効率的に学習を進めて下さい。

 その節で解説する内容を簡単にまとめています。

 実際にRubyでプログラムを作成します。

 キーワードや、プログラムのコードの内容を
文章とイラストでわかりやすく解説しています。

 各章末には、
学習した内容を確認する練習問題がついています。
解答は、巻末に用意されています。

●開発環境について
本書では下記の環境で検証を行っています。

＊ Windows 10 (1709) 64bit　Ruby 2.4.0 (ActiveScriptRuby)
＊ macOS High Sierra Ruby 2.3.0 (システムデフォルト)

●サンプルプログラムについて
本書で扱っているサンプルプログラムは、次のURLからダウンロードできます。
ダウンロード直後は圧縮ファイルの状態なので、適宜展開してから使用してください。

 http://gihyo.jp/book/2018/978-4-7741-9502-5/support

# 環境を構築しよう

**0-1　Rubyをインストールしよう**

# 第0章 環境を構築しよう

# 1 Rubyをインストールしよう

## Rubyを使うための環境を整えよう

Rubyでプログラミングを開始するために、まずは**環境構築**をします。
環境構築とは、自分が利用しているコンピューターにプログラミングのための道具を用意して、設定などを整えることです。一般的に、プログラミング初心者が勉強をはじめるときに一番最初につまずくのがこの環境構築です。

## Windows 10（64bit）環境でのインストール方法

本書ではWindows 10 64bit版環境で解説します。異なるバージョンを利用していると一部表記などが異なります。自分のOSを確認して適宜読み替えてください。

### 1 ActiveScriptRubyをダウンロードする

ActiveScriptRuby公式ホームページのダウンロードページ（https://www.artonx.org/data/asr/）にアクセスします。リンクの一覧から［Ruby-2.X.X (x64-mswin64_100) Microsoft Installer Packageuby-2.X.X（Xは任意の数字）］をクリックしてダウンロード（保存）します❶。

### 2 インストーラーを実行する

ダウンロードしたファイルをダブルクリックして実行します❶。

## 3 インストーラーを開始する

[セットアップウィザード] ダイアログが表示されます。[次へ] ボタンをクリックします ①。

## 4 インストールフォルダーを選択する

[インストール フォルダーの選択] ダイアログが表示されます。ここでは変更せずに [次へ] ボタンをクリックします ①。

## 5 インストールを開始する

[インストールの確認] ダイアログが表示されます。[次へ] ボタンをクリックします ①。

## 6 インストールを許可する

[ユーザー アカウント制御] ダイアログが表示されます。[はい] ボタンをクリックします ①。

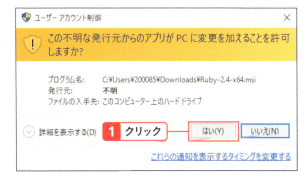

## 7 インストールを完了する

[インストールが完了しました] ダイアログが表示されたら、[閉じる] ボタンをクリックします ①。これでRubyのインストールは完了です。

0-1 Rubyをインストールしよう 11

### 8 Ruby用コマンドプロンプトを起動する

タスクバーの検索ボックスに「ruby」と入力して、[Ruby-2.4 console]をクリックします❶。2.4の部分はRubyのバージョンによって異なります。

>>> **Tips**

Windows 7ではすべてのプログラムから、8.1ではアプリ画面から探してください。

### 9 起動を確認する

[Ruby-2.4 console]デスクトップアプリが起動します。

### 10 Rubyのバージョンを確認する

Ruby用コマンドプロンプト上でRubyのバージョンを確認するコマンドである ruby -v を入力して Enter を押して実行します❶。-vの前にはスペースが必要です。実行結果にインストールしたRubyのバージョンが表示されます。×をクリックして終了させます。

>>> **Tips**

コマンドプロンプトはCLI (CUI) と呼ばれる特殊な操作体系のソフトウェアです。操作のための文字列を入力しEnterキーで実行すると、実行結果が表示されます。ここで入力する文字はすべて半角であることに注意しましょう。

---

### COLUMN　macOSにはRubyがあらかじめ入っている

macOSには、あらかじめRubyがインストールされています。ただし、macOSではRubyのバージョンが古く動作が書籍中のものと異なる場合があります。最新のRubyをインストールしたい場合は、パッケージ管理ソフトウェアのHomebrew (https://brew.sh/index_ja.html) を導入してRubyをインストールします。

# Rubyの世界へようこそ！

1-1　プログラミングを学ぼう

1-2　プログラミング言語Rubyの特徴を
　　　理解しよう

1-3　プログラムの実行方法を学ぼう

1-4　Rubyを対話的に動作させよう

第1章　練習問題

# 第1章 Rubyの世界へようこそ！

## 1 プログラミングを学ぼう

完成ファイル｜なし

### 予習　プログラムのことを知ろう

**プログラム**とは、コンピューターに対する命令や処理の集まりです。**プログラミング言語**とは、そのプログラムを書くために用意された専用の言語です。

言語といってもコンピューターへの命令をまとめたものなので、普段話す一般的な言語とは異なります。プログラミング言語はアルファベットや英字を組み合わせて記述します。日本語や英語にも文法があるように、プログラミング言語にも書き方のルールがあります。そのため、慣れれば読み書きはできるようになります。

世の中で必要とされるプログラムはIT化が爆発的な勢いで進化する中、増加の一途を辿っています。プログラムが書けるようになると、様々な業務を効率化する便利なアプリケーションを書いたり、ウェブサービスをつくったりすることができるようになり、コンピューターでできることが広がります。

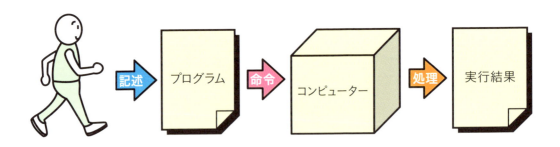

## 理解 プログラミングについて確認しよう

### >>> プログラミングの定義

**プログラミング**とは、コンピューターに命令するための文書を作成することです。この文書をプログラム、文書を書くための特別な言語をプログラミング言語と呼びます。プログラミングをする人のことを**プログラマー**と呼びます。

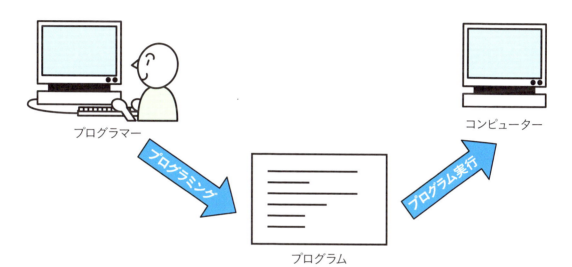

> **COLUMN 人が読んでわかりやすいプログラム**
>
> プログラムはある程度規模の大きいものだと複数人で開発（制作）することが一般的になります。そのため、プログラマーには他の人が読んでわかりやすいプログラムを書く能力が求められます。ただ動くだけでなく、読みやすいプログラムを書けるように学んでいきましょう。

### まとめ

- プログラムはコンピューターへ命令するための処理のまとまり
- プログラミングを身に付けるとコンピューターでできることの幅が広がる

第 1 章 Rubyの世界へようこそ！

# 2 プログラミング言語Rubyの特徴を理解しよう

完成ファイル｜なし

## 予習 Rubyの特徴を知ろう

世の中には、いくつもの種類のプログラミング言語があります。プログラミング言語のコンセプトは各々の開発者（作者）により定義され、それぞれ特徴は大きく異なります。
プログラミング言語Rubyは、日本人である**まつもとゆきひろ氏（愛称：Matz）**により1995年に開発・公開されました。現在はオープンソースソフトウェア（OSS）として、多くの開発者が関わりバージョンアップを繰り返しています。
**OSS**とは、プログラムをインターネット上に公開し、世界中の人々が開発に携わるソフトウェアです。
Rubyは「オブジェクト指向スクリプト言語」で、構文に書きやすくするためのさまざまな工夫が凝らされており、**プログラマーが書いて楽しい言語**として有名です。

世界中のプログラマーが支えるオブジェクト指向スクリプト言語Ruby
ロゴは宝石のルビー

Copyright © 2006, Yukihiro Matsumoto
Creative Commons Attribution-ShareAlike 2.5 License
（https://creativecommons.org/licenses/by-sa/2.5/）

## 理解 オブジェクト指向スクリプト言語Rubyの特徴を押さえよう

Rubyは**オブジェクト指向スクリプト言語**です。**オブジェクト指向**と**スクリプト言語**という2つの特徴を押さえましょう。

### >>> オブジェクト指向

**オブジェクト指向**とは、プログラムを構築するための考え方です。プログラムを「オブジェクト（もの）同士の相互作用」とみなします。

Rubyの設計もこの考え方に基づいており、Rubyで取り扱うデータなどは全てオブジェクトとして表現されています（2-2参照）。オブジェクト指向であることで、複雑なプログラムを具体的なモノとして切り分け、読みやすくしたり、後で修正しやすくしたりできます。

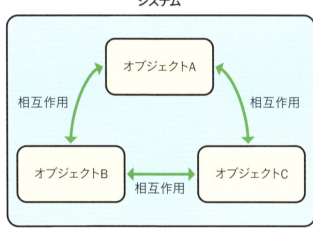

### >>> スクリプト言語

**スクリプト言語**とは、プログラムをテキストファイルそのままで実行できるプログラミング言語を指します。このような特徴を持つプログラミング言語のことを**インタープリタ型言語**とも呼びます。

インタープリタ型言語と対になるのは**コンパイラ型言語**です。コンパイラ型言語は、書いたプログラムそのままでは実行することができず、コンピューターが実行可能な形式に変換（コンパイル）する必要があります。C言語などがコンパイラ型言語です。

Rubyはコンパイル不要なので、テキストファイルにプログラムを記述して保存すればすぐに実行できる手軽さがあります。

コンパイル型言語は実行までに少々手間がかかるが…

スクリプト型言語は実行までが手軽！

## COLUMN　コンパイル型言語

コンパイル型言語として有名なプログラミング言語には、C言語やJavaがあります。Javaはオブジェクト指向言語としても有名です。

## まとめ

- **Rubyはオブジェクト指向スクリプト言語である**
- **オブジェクト指向とは、プログラムを「オブジェクト（もの）同士の相互作用」とみなす考え方のこと**
- **スクリプト言語とは、プログラムをテキストファイルのままで実行できる言語のことである**

# プログラムの実行方法を学ぼう

完成ファイル [01_03]

 予習 **コマンドの操作の仕方を確認しよう**

**コマンド**とは、文字列ベースの操作体系であるCLI（コマンドラインインターフェース）で、コンピューターにプログラムの実行を命令する宣言のことです。Rubyではプログラムの実行に **ruby** コマンドを用います。

rubyコマンドの他にも、オペレーティングシステム（OS）にはさまざまな便利なコマンドが用意されています。CLIを利用するのに、Windowsの場合は**コマンドプロンプト**（Rubyコンソール）を、Macの場合は**ターミナル**を使います。

本書では、コマンドプロンプトとターミナルをまとめて**コマンドライン**と呼びます。

Windows：コマンドプロンプト　　　Mac：ターミナル

### COLUMN | PowerShell

WindowsではPowerShellというコマンドライン実行環境も存在します。

1-3 プログラムの実行方法を学ぼう　19

# 体験 ファイル指定してRubyプログラムを実行しよう

## 1 テキストエディタを開く

タスクバーの検索ボックスに「メモ帳」を入力して[メモ帳]をクリックします❶。

>>> Tips

macOSの場合、[テキストエディット]アプリを利用します。起動後に[フォーマット]→[標準テキストにする]をクリックします。その後で[編集]→[自動置換]→[スマート引用符]をクリックしてオフにし、ファイルを作成します。

## 2 Rubyプログラムを記述する

テキストエディタが起動します。puts 'こんにちは！'と入力します❶。

>>> Tips

Rubyでは命令を入力するときにさまざまなルールがあります。ここではputs、その後に続くスペース、シングルクォーテーション(')は半角で入力することに注意しましょう。

## 3 Rubyプログラムを保存する

[ファイル]メニューから[名前を付けて保存]を選択しクリックします。ファイル名を「execute_ruby.rb」、ファイルの種類を「すべてのファイル (*.*)」、文字コードを「UTF-8」として保存します❶。ここでは保存先のフォルダーを「C:¥Users¥Public¥Documents¥ruby¥01_03」とします。

>>> Tips

macOSではテキストエディットで[ファイル]→[保存]をクリックし、名前欄にexecute_ruby.rbと入力しデスクトップに保存します。

### ④ Ruby用コマンドプロンプトを開く

P.12を参考にRuby用コマンドプロンプトを起動します。

>> **Tips**
macOSではターミナルを起動します。

### ⑤ 保存したRubyプログラムのフォルダに移動する

cd C:¥Users¥Public¥Documents¥ruby¥01_03と半角で入力し Enter キーを押します❶。フォルダが移動します。

>> **Tips**
cdはCLIが動作するディレクトリー（フォルダー）を変更するためのコマンドです。macOSの場合は「cd ~/Desktop」と入力、実行します。

### ⑥ rubyコマンドをファイルを指定して実行する

コマンドライン上で ruby -Ku execute_ruby.rb と半角で入力し Enter キーを押します。実行結果に「こんにちは！」と表示されます。

1-3 プログラムの実行方法を学ぼう 21

## 理解 Rubyプログラムの実行方法と文字コードをおさえよう

### >>> GUIとCLI

Rubyに限らずプログラミングする場合は、コマンドライン上で操作を行うことが頻繁にあります。普段パソコン上のアプリを実行する場合は、アプリのアイコンをダブルクリックして起動することがほとんどでしょう。これらの環境を **GUI（グラフィカルユーザーインターフェース）** と呼びます。GUIに対して、コマンドライン中心の環境を **CLI（コマンドラインインターフェース）** と呼びます。

プログラミングにおいては、早いうちからこのCLIに慣れておくと、開発効率が飛躍的にあがります。本書でもCLIを用いて解説します。

CLI（コマンドラインインターフェース）の入力例

### >>> コマンドの実行方法

コマンドライン上でコマンドを実行する場合、**コマンド名 -オプション コマンドに渡すファイル名** を記述して Enter キーを押します。**オプション** とは、そのコマンドが持つ動作を変えるためのもので、ハイフン(-)ではじまります。

オプションの後に続く、コマンドに渡すファイル名などのことは **引数** と呼ばれます。コマンド名、オプション、引数の間には半角スペースを入力する必要があります。全角スペースでは正しく動作しないので注意が必要です。

### >>> ファイルを指定してRubyを実行する

コマンドの実行方法の例を参考にRubyに当てはめてみましょう。Rubyではrubyコマンドにオプションとファイル名を組み合わせて実行します。

```
ruby -オプション ファイル.rb
```

## COLUMN 拡張子とは

**拡張子**とは、ファイル名の末尾にドット(.)をつなげた後に半角英数字で記述される文字列です。ファイルの種類を示すためのものです。Rubyプログラムをテキストファイルに記述して実行する場合、拡張子がなくても実行できますが、人やプログラムから見てわかりやすくするためにRubyプログラムが記述されたテキストファイルは拡張子を**.rb**とするのが普通です。WindowsやmacOSでは拡張子が表示されないことがあります。

### ▶▶▶ 文字コード

**文字コード**とは、コンピューターで文字を表すためのルールのことです。例えば、「88EA」であれば「一」、「9EF1」であれば「二」というように、あるコードと文字との対応関係があらかじめ決められています。

文字コードには歴史的な経緯から、様々な種類があります。Rubyではデフォルトで文字コードは**UTF-8**として認識されます。OSごとにもデフォルトの文字コードがあり、Windowsでは**Shift_JIS**、macOSでは**UTF-8**が使用されます。

Windowsの場合、デフォルトで扱う文字コードが違うので、Rubyで日本語を扱うときに表示が崩れることがあります。回避するためには**-Ku オプション**を付けなければなりません。-Kuオプションを付けるとRuby実行時にプログラムの文字コードがUTF-8であると認識させることができます。

| 環境 | 文字コード |
| --- | --- |
| Windows | Shift-JIS |
| Mac | UTF-8 |
| Ruby | UTF-8 |

## まとめ

- **RubyのプログラムをDynamicさせるにはrubyコマンドを利用する**
- **RubyのプログラムをSakuraさせるにはrubyコマンドを利用する**

- ●**Rubyのプログラムを動作させるにはrubyコマンドを利用する**
- ●**Rubyの文字コードはデフォルトでUTF-8である**

1-3 プログラムの実行方法を学ぼう

# 第1章 Rubyの世界へようこそ！

## 4 Rubyを対話的に動作させよう

完成ファイル｜なし

### 予習 Rubyの実行方法を理解しよう

Rubyのプログラムを実行するには、1-3で解説した他にもいくつかの方法があります。

#### >>> rubyコマンドの-eオプションを指定してRubyを実行する

**-eオプション**は、rubyコマンド実行時にオプションの後に指定したテキストをRubyのプログラムとして評価させます。Rubyプログラムとして評価するテキストはクォート（'、"）で囲む必要があります。

```
ruby -e '実行したいRubyのコード'
```

#### >>> irb上でRubyを実行する

**irb**は、対話的にRubyプログラムを実行できる環境を提供します。irbを使うと、Rubyのプログラムを1行記述するごとに実行結果を確認し、これを何度も繰り返すことができます。プログラムの記述と実行結果の確認を繰り返す様子が会話のキャッチボールと似ているので**対話的**と表現されます。

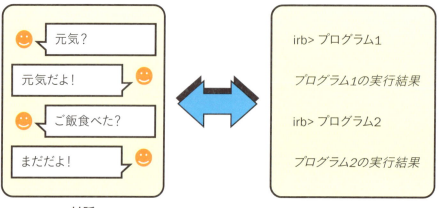

24　1 Rubyの世界へようこそ！

## 体験 -eオプション、irbを使って実行しよう

### >>> -eオプション指定で実行する

**1 Ruby用コマンドプロンプトを起動する**

P.12を参考にRuby用コマンドプロンプトを起動します。

**2 rubyコマンドを-eオプション指定で実行する**

Ruby用のコマンドプロンプトが起動します。コマンドライン上で ruby -e 'puts 1' と半角で入力し Enter キーを押し実行します。実行結果に「1」が表示されます❶。

>> **Tips**

putsはRubyにデータを表示させる命令です。1との間の半角スペースを忘れないようにしましょう。

**3 コマンドプロンプトを終了する**

コマンドライン上で exit と半角で入力し Enter キーを押すとコマンドプロンプトが終了します❶。

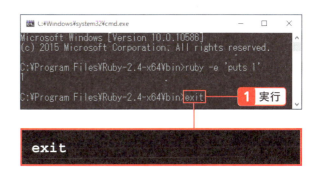

>> **Tips**

macOSのターミナルはメニューの［ターミナル］から終了させます。

1-4 Rubyを対話的に動作させよう 25

## >>> irb 上で Ruby プログラムを実行する

### 1 Ruby用コマンドプロンプトを起動する

P.12を参考にRuby用コマンドプロンプトを起動します。

### 2 irbを起動する

コマンドライン上でirbと半角で入力し Enter キーを押し実行します❶。irbが起動します（❸の画面）。

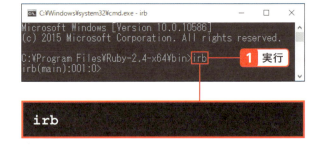

### 3 Rubyプログラムを実行する

先ほど実行したputs 1を半角で入力し Enter キーを押し実行します❶。実行結果に「1」が表示されます。

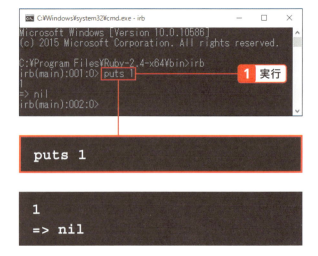

## 4 文字列を表示する

起動したirb上でRubyプログラムである puts 'test' を半角で入力し Enter キーを押し実行します❶。実行結果に「test」が表示されます。

> **Tips**
> コマンドラインでは入力後に Enter を押して実行していきます。

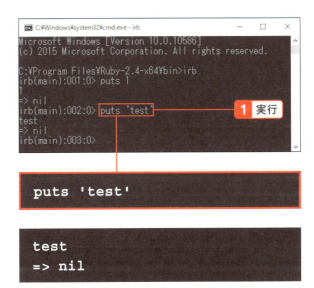

```
puts 'test'
```

```
test
=> nil
```

## 5 irbを終了する

exitと半角で入力し Enter キーを押し実行します❶。irbが終了します。もう一度exitを実行すると、Ruby用コマンドプロンプトが終了します。

```
exit
```

**1-4　Rubyを対話的に動作させよう**　27

# 理解 コマンドラインとプログラム実行を理解しよう

## >>> 実行方法の特徴

**1-3**、**1-4**で見たように、Rubyのプログラムはコマンドラインから実行します。ファイル指定での実行は、主に複数行のプログラムを実行する場合に有効な方法です。オプション指定やirbでの実行は、短いプログラムの動作を確認したい場合に有効です。

> ［1］ファイル指定実行
> → 複数行のRubyプログラムを実行する場合に有効

> ［2］オプション指定・irb実行
> → 短いプログラムの動作を確認する場合に有効

## >>> irb

Ruby用コマンドプロンプトでirbと入力してEnterキーを入力すると、対話実行モードで入力待ちの状態になります。Rubyプログラムを記述しEnterキーを入力したタイミングで、rubyプログラムが評価できるとみなされると実行されます。複数行のRubyプログラムを記述することもできます。

## >>> putsメソッド

**puts**を用いると数値や文字列を表示することができます。文字列を表示するには、表示したい文字列をクォーテーションで囲む必要があります。putsはRubyが用意する命令の1つです。このような命令のことを**メソッド**と呼びます（**第6章**参照）。putsはRubyが用意する数あるメソッドの中でも、もっとも基礎的なものです。その他にもどんなメソッドがあるのか？と気になるところかもしれませんが、はやる心を抑えて少しずつRubyプログラムの基本を学んでいきましょう。

### ❯❯❯ nilオブジェクト

実行結果に「=> nil」と出力されたことに気付いたでしょうか。irbがRubyプログラムとして評価したメソッドは、実行の結果返す値（**第6章**参照）を持っています。この返す値が**nil**だとirbが教えてくれています。nilは英語で「無」という意味です。Rubyでは「無」を表すのに**nil**というオブジェクトを定義しています。putsメソッドは出力する命令なので何も値を返す必要はなく、nilを返します。

---

#### COLUMN　Windowsのirbアプリ

**第0章**の手順に沿ってWindowsにRubyをインストールした場合、ActiveScriptRubyが提供する**irbアプリ**を起動して、直接irbを利用することもできます。

直接irbアプリを起動するには、デスクトップ左下にある[WebとWindowsを検索]ボックスに「irb」と入力して、[irb]デスクトップアプリをクリックします。

irbアプリを終了するには、起動したirb用コマンドプロンプト上で「exit」と半角で入力し[Enter]キーを押します。

---

### まとめ

- **ruby**コマンドの**-e**オプションを使うとコマンドラインから**Ruby**プログラムを実行できる
- **irb**コマンドを使うと対話的に**Ruby**プログラムを実行できる

# 第1章 練習問題

## ■問題1

次の文がそれぞれ正しいかどうかを○×で答えなさい。

① CLI（コマンドラインインターフェース）はあらかじめ用意されたコマンドを実行する環境である
② Rubyプログラムの文字コードをUTF-8と認識させるにはrubyコマンドに-Kuオプションを付けて実行する
③ Rubyプログラムを実行する方法はテキストファイルを指定する方法だけである

## ■問題2

次の文章の穴を埋めなさい。

- プログラミング言語にはたくさんの種類がある。Rubyは代表的なものの1つで、 ① 指向に基づく。日本人である ② 氏が開発者である。
- Rubyは ③ 言語（コンパイル型言語の対になる語）である。
- Rubyプログラムを実行する方法は主に3つある。rubyコマンドの ④ オプションを指定してプログラムを直接書きコマンドライン上から実行する方法、 ⑤ で対話的に実行する方法、Rubyプログラムが記述された ⑥ を指定して実行する方法である。

# プログラムの基本とデータを理解する

2-1 プログラムの構成を理解しよう

2-2 データの基本・数値と文字列を
　　理解しよう

2-3 変数に代入してデータを扱いやすく
　　しよう

2-4 データを演算しよう

第1章　練習問題

# 第2章 プログラムの基本とデータを理解する

## 1 プログラムの構成を理解しよう

完成ファイル | [02_01]

### 予習 Rubyの記述方法を知ろう

ここからは実際にプログラムを作成し、Rubyの基本を学びます。

**第1章**でも体験した通り、Rubyのプログラムはテキストファイルに記述します。複数行に渡るプログラムは上から順に各行が実行されます。これを**順次処理**と呼びます。
順次処理は人間にとってもごく理解しやすいものです。例えば人が書く文章は上から順に読んでいくことでその内容を理解することができます。文章の順序がバラバラだと何を言っているのかわからなくなるでしょう。プログラムも同じで、意図するように順序良く記述していくことが求められます。
まずは基本的な記述からマスターしましょう。

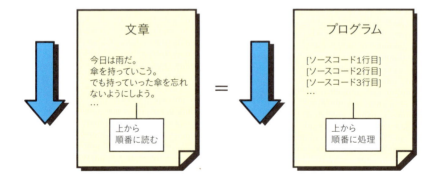

## 体験 Rubyプログラムで情報を表示しよう

### 1 テキストエディタでサンプルファイルを開く

サンプルプログラムをダウンロードして展開しておきます。「hello_world.rb」ファイルをテキストエディタにドラッグして開きます。

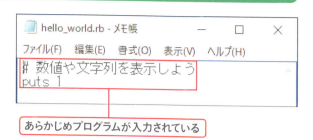

あらかじめプログラムが入力されている

>> **Tips**
#からはじまる行はP.36で解説します。

### 2 サンプルプログラムを実行する

サンプルプログラムがあるフォルダー（ここではC:\Users\Public\Documents\ruby\02_01）にcdコマンドで移動し❶、ruby hello_world.rbを実行します❷。実行結果に「1」が表示されます。

### 3 サンプルプログラムを修正する

puts 'Hello, world!'と、puts 'ようこそ、世界！'というプログラムをファイルの末尾に2行追加して❶、上書き保存します。

### 4 修正したプログラムを実行する

ruby -Ku hello_world.rbを実行します❶。実行結果に「1」「Hello, world!」「ようこそ、世界！」の順で表示されます。

>> **Tips**
macOSの場合はデスクトップ上にフォルダー、ファイルを作成して操作を試してください。デスクトップには「cd ~/Desktop」で移動できます。

2-1 プログラムの構成を理解しよう 33

# 理解 Rubyの記述方法の理解を深めよう

## >>> Rubyの改行

Rubyでは原則として、**改行**をプログラムの個々の命令の区切りとして扱います。テキストファイルに記述したRubyプログラムは、1行ごとに実行されると考えてください。[体験]の例のようにputsメソッドを複数行に記述すると、それぞれの行がRubyプログラムとして実行されます。

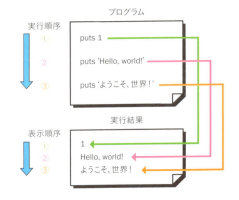

## >>> 文字列と文字列の展開

Rubyでは **"(ダブルクォート、二重引用符)** または **'(シングルクォート、引用符)** で囲まれた部分は、文字列（文字）として認識されます。
囲まなければ文字列として認識されず、表示できません。
これに対して、数字は囲む必要がありません。この違いについては **2-2** で解説しています。

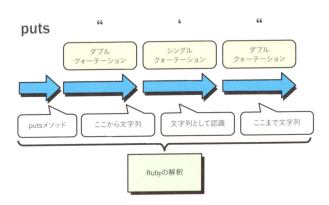

---

### 💬COLUMN　シングルクォートとダブルクォートの違い

シングルクォートとダブルクォートはおおよそ同様に使えますが、一部違いがあります。ダブルクォートを用いると文字列の中でRubyのプログラムを実行できます。
これを**式の展開**と呼びます。これを用いるにはダブルクォートの中で #{ } という特殊な表記を使う必要があります。
次のようにスクリプトに記入して実行すると、#{1+1}と2の異なる表示が返ってきます。

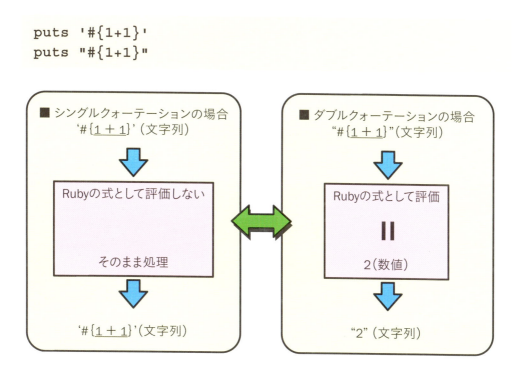

クォートを文字列として表示するには、それぞれ別のクォートで囲みます。ダブルクォートでシングルクォートを囲むことでシングルクォートを文字列として認識させることができます。同様に、ダブルクォートを文字列として表示したい場合には、シングルクォートで囲むことで実現します。

### >>> putsメソッドの改行と引数

putsメソッドは、半角スペースの後に続く数字や文字列を画面に出力して改行します。[体験]の例でも出力結果が改行されている点に注目してください。半角スペースの後に続く数字や文字列のことを、**引数**と呼びます。引数とは、メソッドの動作を決めるためのパラメーターのことです。コマンドライン上でコマンドを実行する際に指定する引数とも似ています（**1-3**の[理解]参照）。

なお、putsメソッドは引数なしでも動作します。引数がない場合は、**何も表示しないで改行だけする**という動作になります。

```
ruby -e 'puts'
```

## COLUMN プログラム中に説明を書き込むコメント

処理の目的などをプログラム中に文書で補足したいとき、文書の部分がプログラムとして扱われてしまっては困ります。

このようなプログラムの中でプログラムとして扱われない文字を書く方法が**コメント**です。Rubyでは**#（シャープ）**の後に書いた文字がコメントになります。#以降の文字列は改行するまでプログラムとしては無視されます。ただし文字列中など一部の場合は例外です。

たとえば、以下のように書いた説明はいずれも無視されます。

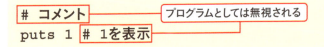

コメントを複数行で表現したい場合は**=begin**と**=end**で囲むことで、間にある処理はコメント行として認識され、#同様プログラムとしては無視されます。

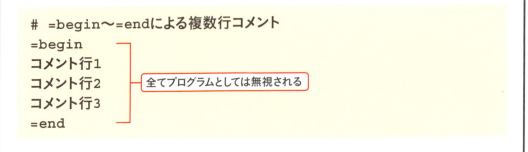

## まとめ

- ●**複数行のプログラムは1行ごとに上から順に実行される**
- ●**puts メソッドは数字や文字列を表示して改行する**
- ●**#や=begin～=endを使ってコメントを記述できる**

第2章 プログラムの基本とデータを理解する

# 2 データの基本・数値と文字列を理解しよう

完成ファイル｜なし

 予習 数値と文字列には違いがあることを知ろう ≫

Rubyでは、取り扱うデータごとに種類があります。数値と文字列はデータとして異なるものとして取り扱われます。数値はそのまま半角数字で記述し、文字列はクォートで囲みます。よって、puts 1 と puts '1' は意味が違います。puts 1 は**数値としての1を表示せよ**、puts '1' は**文字列としての'1'を表示せよ**とそれぞれ違うことを指示しています。

■ 1と'1'は一見似ているが…

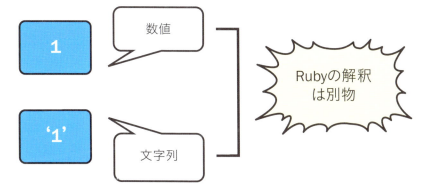

2-2 データの基本・数値と文字列を理解しよう 37

## 体験 数値と文字列の違いを確認しよう

### 1 irbを起動する

Ruby用コマンドプロンプトを起動して、コマンドライン上でirbを実行します❶。

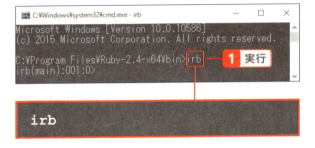

### 2 pメソッドで数値を表示する

pメソッドで何も囲んでいない数字の1を表示（p 1）します❶。実行結果に1がそのまま表示されます。

>>> Tips
正確には、ここでは「1」と「=> 1」が表示されています。

>>> Tips
pメソッドはputsと似た、引数を表示するためのメソッドです。

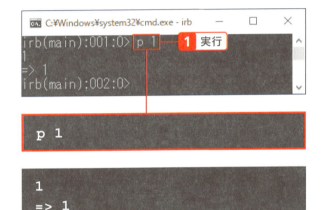

### 3 pメソッドで文字列を表示する

次にクォートで囲んだ'1'を表示するプログラム（p '1'）を実行します❶。出力結果がダブルクォートで囲まれた形（"1"）になっています。Ruby内部では1と'1'が別々のデータとして認識されていることがわかります。

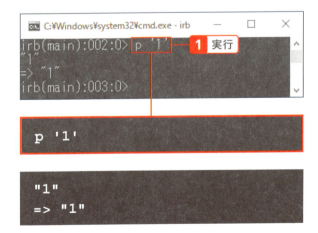

### 4 1のオブジェクトを確認する

irbで数字の「1」の後に「.class」と入力して実行します❶。実行後、データの種類に関する情報が表示されます。

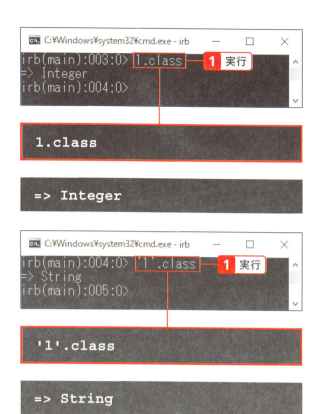

### 5 '1'のオブジェクトを確認する

同様に「'1'」で実行します❶。それぞれ表示された情報が違うことを確認しておきましょう。

---

## COLUMN　pメソッド

pメソッドはputsメソッドと似ていますが、引数のデータの種類を考慮してデータを返す（表示する）点で異なっています。例えばputsメソッドでは引数に1を指定しても'1'を指定しても同じように1と表示されnilが返ってきました。pメソッドでは1なら1、'1'なら"1"と区別して表示され、返ってきたデータも異なりました。

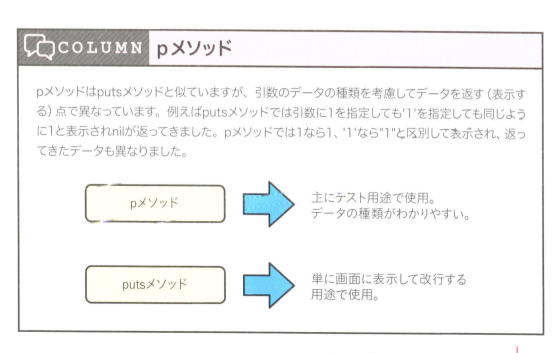

2-2　データの基本・数値と文字列を理解しよう　39

# 理解 データの種類について学ぼう

## >>> データの種類

数字と文字列でRubyプログラム上では表記の仕方が異なることはすでに解説しました。このような、データの種類のことを**データ型**と呼びます。Rubyでそれぞれのデータのデータ型を知りたいときは、データの後に .class と続けて書くことで確認できます。

数値の1は **Integer**、文字列の '1' は **String** と表示が返ります。これがデータ型です。主なデータ型をまとめます。まだ紹介していないものもありますが、登場したときに .class を付けて表示を確認しましょう（**7-1**、**7-2** も参照）。

| 例 | 種類 | データ型名 |
| --- | --- | --- |
| 10 | 整数値 | Integer（古いRubyではFixnum） |
| 20.1 | 浮動小数点数 | Float |
| 'matz' | 文字列 | String |
| String | クラス | Class |
| true | 真偽値 | True Class / False Class |
| {} | ハッシュ | Hash |
| [] | 配列 | Array |
| nil | ニル | NilClass |

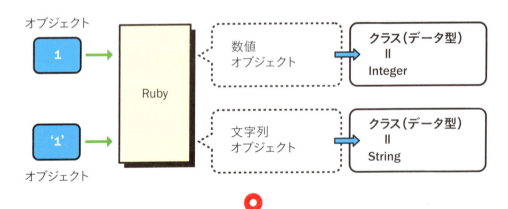

## まとめ

- **p メソッドは Ruby 標準のメソッドでオブジェクトの中身を確認できる**
- **Ruby のオブジェクトには種類がある**

# 第2章 プログラムの基本とデータを理解する

## 3 変数に代入してデータを扱いやすくしよう

完成ファイル [02_03]

### 予習 変数へ代入するメリットを知ろう

数学をやったことのある方なら「変数への代入」というと、既になじみあるイメージを持っているでしょう。**数値1を変数aに代入せよ**といわれて、**a = 1**を想像できればひとまず問題ありません。

Rubyでも変数への代入は同じように記述します。プログラム上では、値のままで使わず変数に代入することで、何度も登場する値を使いまわすことができます。

ただし、順次処理というプログラムの性質上、変数を利用できるのは、変数に代入した行以降からです。変数への代入をする前の段階では、変数が**未定義**であるエラーが発生します。

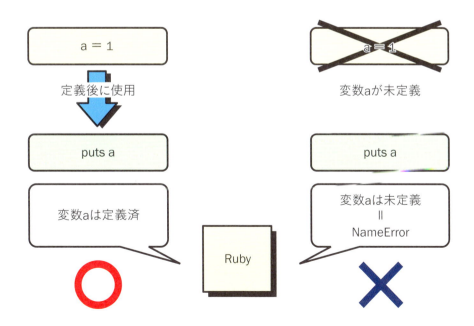

## 体験 数値や文字列を変数に代入して表示してみよう

### 1 変数に数値を代入する

irbを起動し、右のように記述、実行し**1**、変数aに数値1を代入します。

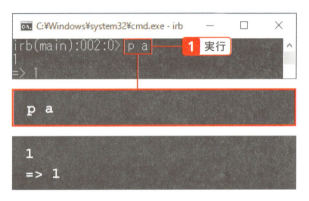

### 2 代入した変数を表示する

右のように変数aをpメソッドで表示します**1**。実行結果に代入した数値「1」が表示されます。

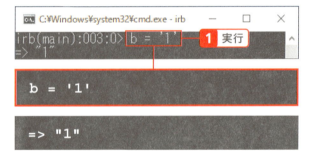

### 3 変数に文字列を代入する

右のように変数bに文字列'1'を代入します**1**。

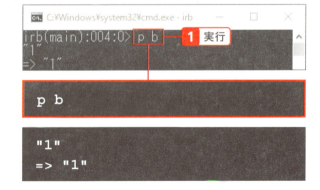

### 4 代入した変数を表示する

右のように変数bをpメソッドで表示します**1**。実行結果に代入した文字列「"1"」が表示されます。

### 5 同じ変数に違う値を代入する

既に数値1を代入した変数aに別の数値「10」を代入します❶。

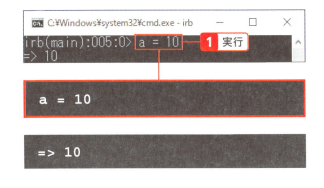

### 6 再度代入した変数を表示する

右のように変数aをpメソッドで表示します❶。実行結果に再度代入した数値「10」が表示されます。

### 7 未定義の変数を表示する

まだ代入していない（未定義）変数abをpメソッドで表示します❶。実行結果にNameErrorというエラーが発生します。

```
NameError: undefined local variable or method `ab' for main:Object
```

エラーが表示される

2-3 変数に代入してデータを扱いやすくしよう

## 理解 変数への代入と定義の方法を押さえよう

### >>> 数学の「変数への代入」との違い

数学で代入に使うイコール（=）は、左辺と右辺を入れ替えても一致することを示す、等式のために使われます。一方Rubyでは左辺と右辺が等しいことを示すわけではありません。Rubyではデータに変数という名札を付けることを示すのに=の記号を使います。右辺のデータに左辺の名前を付けます。

**変数名 = データ**

左辺と右辺が等しいことを示すわけではなく、名札を付け替えるだけなのでa = 1の後に、a = 10と代入しても問題になることはありません。
Rubyで使う変数には、以下のような制約があります。文字列のように囲む必要はありません。

- 先頭が数値を除く文字列もしくはアンダーバーであること
- プログラムであらかじめ使うことが決まっている文字列（=予約語）と一致しないこと

先頭文字が大文字の半角英字の場合は定数（**7-4**参照）を意味します。注意してください。

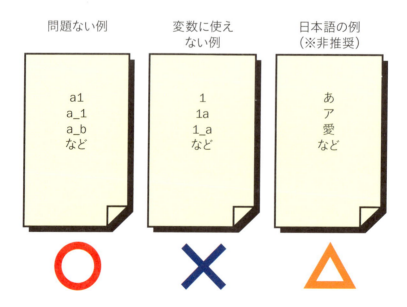

## COLUMN 日本語での定義は避ける

Rubyでは日本語（ひらがなや漢字）でも変数を定義することができます。しかし、プログラムの読みやすさの観点から、日本語変数名は控えるべきです。

## COLUMN irbの出力

irbでは実行後に式（Rubyのプログラム）の評価結果を出力してくれる機能が備わっています。今までの**=>nil**などがそれです。
変数をそのまま入力すると、その変数が指すデータを**=>**以降で表示してくれます。
［体験］でも、pメソッドを使って表示する際に出力結果が二重で表示されているように見えているのは、最初の行がpメソッドの出力結果で、2行目の**=>**ではじまる行がirbが出力している情報です。

# まとめ

- **変数への代入には = (イコール) を使う**
- **変数は先頭小文字の半角英字を使って定義する**

# 第2章 プログラムの基本とデータを理解する

## 4 データを演算しよう

完成ファイル [02_04]

### 予習 色々な処理をするための演算子があることを知ろう

Rubyでは、データを処理するためにあらかじめ備わっている記号や記号の組み合わせがあります。これらの記号や、記号の組み合わせのことを**演算子**と呼びます。演算子には様々な種類があります。

例えば、数値を四則演算するための演算子、文字列をつなぎ合わせたり操作するための演算子、何かしらの処理を加えて代入するための**代入演算子**などです。これらの演算子を使うことで、より効率的にプログラムを記述することができます。

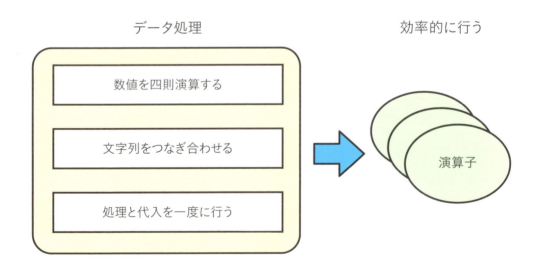

## 体験　数値の演算や文字列の結合、代入演算子を使おう

### 1 足し算する

irb上で 1 + 1 を実行します❶。足し算の結果「2」が表示されます。

>> **Tips**
「=>」以降はirbの出力です。入力する必要はありません。

```
1 + 1
```

```
=> 2
```

### 2 引き算する

irb上で 3 - 1 を実行します❶。引き算の結果、「2」が表示されます。

```
3 - 1
```

```
=> 2
```

### 3 掛け算する

irb上で 2 * 3 を実行します❶。掛け算の結果、「6」が表示されます。

```
2 * 3
```

```
=> 6
```

### 4 割り算する

irb上で 6 / 2 を実行します❶。割り算の結果、「3」が表示されます。

```
6 / 2
```

```
=> 3
```

### 5 割り算の商と余りを求める

irb上で右の計算式を実行します。割り算の商・余りの計算結果が表示されます。

>>> Tips

Rubyでは整数と小数で割り算の結果が異なります。Rubyでは1.0のように小数点を含む数字の表記はいずれも小数のデータ型（浮動小数点数型）になります。小数を交えると割り算では余りを考慮しなくなります。「5.0 / 3.0」の計算も試してみましょう。

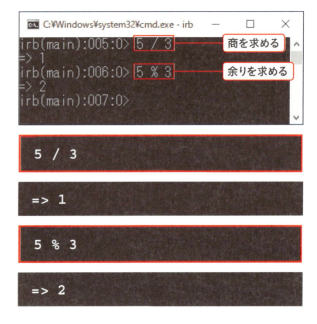

### 6 べき乗を求める

irb上で右の計算式を実行します❶。べき乗の計算結果が表示されます。

### 7 文字列をつなぎ合わせる

irb上で'a' + 'b'を実行します❶。実行結果に"ab"が表示されます。

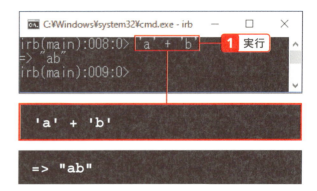

## 8 代入演算子を使う

テキストエディタで「variable.rb」というファイルを作成します❶。

> **Tips**
>
> ここではファイルを「C:¥Users¥Public¥Documents¥ruby¥02_04」に保存します。

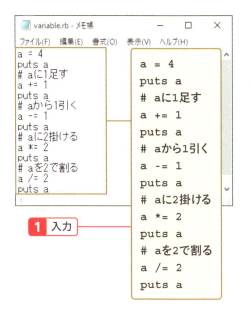

❶ 入力

## 9 実行する

Ruby用コマンドプロンプトを起動し、「cd C:¥Users¥Public¥Documents¥ruby¥02_04」でファイルを保存したフォルダーに移動します。ファイルを指定して実行します❶。aに代入が繰り返されていることが表示からわかります。

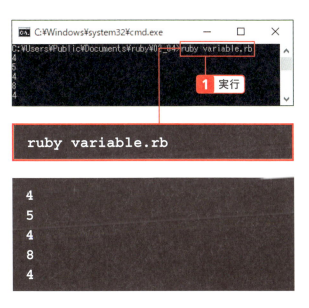

❶ 実行

`ruby variable.rb`

## 理解 四則演算と代入演算子の記述方法を学ぼう

### >>> 四則演算

Rubyで数値を四則演算するには +(プラス)、-(マイナス)、*(アスタリスク)、/(スラッシュ)の演算子を用います。四則演算の対応は以下の通りです。

| 記号 | 呼び名 | 四則演算の種類 | 補足 |
|---|---|---|---|
| + | プラス | 足し算 | 文字列も統合できる |
| - | マイナス | 引き算 | |
| * | アスタリスク | 掛け算 | |
| / | スラッシュ | 割り算 | 整数同士で割り切れないと商のみ |

その他、数値の演算子で特殊な演算子は以下の通りです。

| 記号 | 呼び名 | 演算の種類 |
|---|---|---|
| % | パーセント | 割り算の余り(剰余) |
| ** | 連続するアスタリスク | べき乗 |

文字列と文字列を結合する演算子として +(プラス) を使用できます。演算子と呼ばれますが数値以外にも適用できます。

### >>> 代入演算子

四則演算のための演算子以外にも、Rubyが提供する演算子はたくさんの種類があります。**代入演算子**はその代表例で、四則演算のための演算子と代入を表す=(イコール)でつなぐことで変数に演算の結果を代入することができます。具体的には +=、-=、*=、/= などです。

| 演算子 | 使い方の例 | 意味 |
|---|---|---|
| += | a += 1 | a = a + 1と同じ |
| -= | a -= 1 | a = a - 1と同じ |
| *= | a *= 2 | a = a * 2と同じ |
| /= | a /= 2 | a = a / 2と同じ |

## COLUMN 代入の違和感

a += 1の代入演算子と同じ意味を持つa = a + 1は数学の知識で見てしまうと違和感のあるものです。
すでに解説したようにプログラムでは代入は名札を付けることを意味します。左右の式が等しいことを表しているわけではないので、これは間違っていません。
この定義に照らすとa = a + 1はa + 1の計算結果にaという名札を付ける、すなわち左辺の変数aに代入することになります。
実際に自分でこれらの代入式を試して動作を覚えましょう。

## COLUMN 半角スペースとコーディング規約

実際に試してみるとわかりますが、演算子の前後の半角スペースはあってもなくても正常に動作します。
動作はしますが、人が読んでわかりやすいプログラムにするために、演算子の前後には半角スペースを入れるのが普通です。
このように、人が読んでわかりやすい書き方をまとめたルールを**コーディング規約**と呼びます。
例えば、これまで変数aに1を代入するプログラムはa = 1とイコール（=）の前後に半角スペースを入れています。この半角スペースを省略してa=1と記述してもプログラムとしては動作します。しかし、これでは読みづらくなってしまうので半角スペースを入れます。このようなコーディング規約は様々なプロジェクト単位でたくさん存在しており、それぞれ少しずつ違いがあります。本書の書き方を参考にプログラムを書いてください。

## まとめ

- **Ruby**で四則演算をするには、+、-、*、/などの演算子を使う
- 元の変数に計算を加えて再度代入するには、代入演算子を使うと短く書ける

# 第2章 練習問題

## ■問題1

次の文がそれぞれ正しいかどうかを○×で答えなさい。

①プログラムが複数行ある場合、上から順に実行される性質を順次処理と呼ぶ
②Rubyではオブジェクトの種類は1つだけである
③Rubyで%演算子は剰余（割り算の余り）を求める演算子である

## ■問題2

irb上で以下のプログラムを実行すると何が表示されるか答えなさい。

① 'This is a pen.'.class
② 30 / 4
③ 15 ** 2

## ■問題3

以下のプログラムを実行すると32が表示される。プログラムを完成させなさい。

```
a = 4
a   ①   = 8
p a
```

# データのまとまりを扱う

3-1 配列で複数のデータをまとめよう

3-2 ハッシュでデータに名前を付けて
まとめよう

3-3 データのまとまりを効率的に書こう

第3章 練習問題

# 第3章 データのまとまりを扱う

## 1 配列で複数のデータをまとめよう

完成ファイル 📁[03_01]

 **予習** 複数のデータのまとまりである配列を知ろう 》》》

プログラムでは、様々なデータを扱います。ここまでは数値や文字列などの単独のデータを扱ってきましたが、複数のデータをまとめて扱いたいときはどうすればいいのでしょうか。データを取りまとめる仕組みの1つとして、Rubyには**配列**があります。配列は、複数のデータを1つにまとめたものです。配列の中の個々のデータは要素とも呼びます。

配列を使うことで、複数のデータのまとまりを1つの変数で表現することができます。例えば、日本の47都道府県の名前を1つずつ変数に代入すると tokyo = '東京都' や fukuoka = '福岡県' などと別々の変数を定義する必要があります。配列を使えば、都道府県を表す prefectures という変数を定義して47都道府県名をまとめて定義できます。また、配列を使うことで複数のデータを繰り返し処理をするような状況でも、簡単にコードを記述できます。

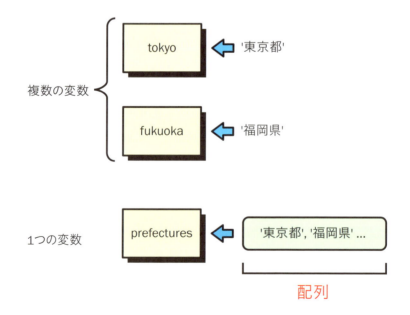

# 配列を定義して格納されたデータを取り出してみよう

## 1 配列を変数に格納して表示するプログラムを記述する

テキストエディタを起動し、右のプログラムを記述します①。1行目で変数animalsに配列を代入し、3行目で変数animalsを表示しています。「C:¥Users¥Public¥Documents¥ruby¥03_01」にファイル名を「array1.rb」として保存します。

>> Tips
arrayは配列のことです。

```
animals = ['dog', 'cat', 'mouse']

p animals
```

## 2 保存したプログラムを実行する

Ruby用コマンドプロンプトを起動し、「cd C:¥Users¥Public¥Documents¥ruby¥03_01」でファイルを保存したフォルダーに移動します。プログラムをファイルを指定して実行します①。実行結果に「["dog", "cat", "mouse"]」が表示されます。これが配列です。

```
ruby array1.rb
```

```
["dog", "cat", "mouse"]
```

## 3 配列のデータを表示するプログラムを記述する

テキストエディタを起動し、右のプログラムを記述し①、ファイル名を「array2.rb」として先ほどと同じフォルダーに保存します。

```
animals = ['dog', 'cat', 'mouse']

p animals[0]
```

3-1 配列で複数のデータをまとめよう 55

### 4 保存したプログラムを実行する

2を参考に実行します 1。実行結果に「"dog"」が表示されます。配列の中のデータを取り出せることがわかります。

### 5 定義した配列にデータを追加するプログラムを記述する

テキストエディタを起動し、右のプログラムを記述し 1、ファイル名を「array3.rb」として保存します。

### 6 保存したプログラムを実行する

2を参考に実行します 1。実行結果に「["dog", "cat", "mouse", "bird"]」が表示されます。配列にデータを追加できることがわかります。

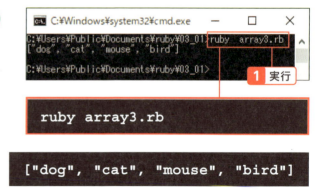

3 データのまとまりを扱う

## 7 定義した配列のデータを変更するプログラムを記述する

テキストエディタを起動し、右のプログラムを記述し❶、ファイル名を「array4.rb」として保存します。

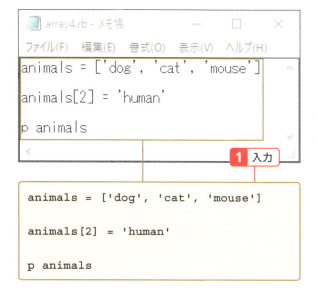

```
animals = ['dog', 'cat', 'mouse']

animals[2] = 'human'

p animals
```

## 8 保存したプログラムを実行する

❷を参考に実行します❶。実行結果に「["dog", "cat", "human"]」が表示されます。配列のデータを差し替えられることがわかります。

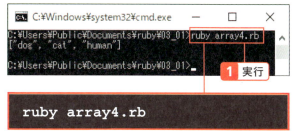

`ruby array4.rb`

`["dog", "cat", "human"]`

## 9 配列のデータを削除するプログラムを記述する

テキストエディタを起動し、右のプログラムを記述し❶、ファイル名を「array5.rb」として保存します。

>> **Tips**
ここではdeleteメソッドを利用しています。メソッドについては第6章を参照してください。

```
animals = ['dog', 'cat', 'mouse']

animals.delete('cat')

p animals
```

**3-1 配列で複数のデータをまとめよう** 57

### 10 保存したプログラムを実行する

②を参考に実行します❶。実行結果に「["dog", "mouse"]」が表示されます。配列から要素を削除できることがわかります。

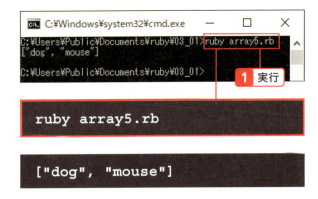

### 11 配列に要素を追加する

テキストエディタを起動し、以下のようなプログラムを記述し、ファイル名を「array6.rb」として保存します❶。

>>>Tips
insertメソッドで要素を追加します。

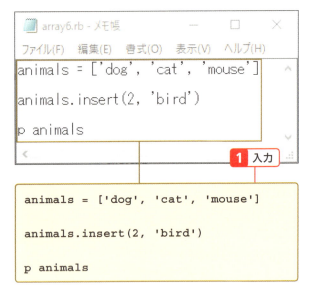

### 12 保存したプログラムを実行する

②を参考に実行します❶。実行結果に「["dog", "cat", "bird", "mouse"]」が表示されます。配列の特定の箇所に要素を追加できることがわかります。

##  理解 配列の記述方法と要素の操作方法を学ぼう >>>

### >>> 配列の基本的な記述方法

Rubyの配列の記述方法は[と]でくくることで表現できます。複数のデータを配列に記述する場合は間に,(カンマ)を記述します。

[要素1, 要素2, 要素3, …]

配列に定義されたデータのことを配列の**要素**と呼びます。配列に代入された個別の要素を取り出したい場合は、配列の変数名の後ろに[配列の順番(0からはじまる数字)]を記述します。配列の順番は0からはじまる決まりです。したがって、配列の要素の**1番目**を取得したい場合の配列の順番は、**0**になることに注意が必要です。この配列の順番のことを配列の**添字(そえじ)**または**インデックス**と呼びます。

配列から要素を1つずつ取り出す場合は添字を使います。添字は配列に直接使うことも、配列が格納された変数に使うこともできます。

配列[添字]

配列でデータをまとめ、まとめたデータは添字で取り出すと覚えましょう。

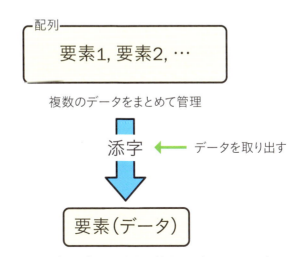

3-1 配列で複数のデータをまとめよう

## >>> 配列に要素を追加・修正・削除する方法 ......................................

配列を定義した後で要素を追加することもできます。要素を配列の一番最後に追加するには、<< という演算子を使用して配列 << 要素と記述します。

```
配列  <<  追加要素
```

配列の要素を修正するには、添字を使って表現した配列の要素に値を代入します。

```
配列[添字]  =  値
```

配列から要素を削除するには、Ruby の配列用のメソッドである、delete を使用します。配列.delete(値)と記述すると配列から値に一致する要素を削除します。

```
配列.delete(値)
```


## >>> 配列の途中に要素を追加する方法 ......................................

配列の末尾に要素を追加する方法は演算子 << を使うことで実現可能でしたが、任意の場所に要素を追加することもできます。

この場合は、配列用メソッドである insert を使用します。insert メソッドは、1番目の引数に配列の添字を、2番目の引数に追加したい要素をカンマ (,) 区切りで指定します。

```
配列.insert(添字, 値)
```

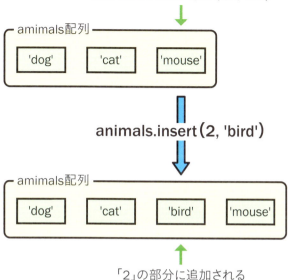

## COLUMN 添字で追加、削除する

配列の末尾に要素を追加するには、<<を使う他、配列の添字を指定して追加する方法もあります。例えば、[体験]の❺❻で示したanimals変数の末尾に'bird'を追加したケースでは、新しく追加される要素の添字は3なので**animals[3] = 'bird'**と記述できます。

また、配列用の**push**メソッドは配列の末尾に引数に指定されたデータを追加します。先ほどの例では、**animals.push('bird')**で追加できます。

[体験]の例では、配列の要素を削除するのにdeleteメソッドを使用しました。配列用には**delete_atメソッド**も利用できます。delete_atメソッドは、引数に配列の添字を指定することで該当データを削除します。**配列.delete_at(添字)**と記述します。

このように同じことがしたいときに色々な書き方ができるのは、Rubyの面白い特徴です。

### まとめ

- **Ruby**にはデータのまとまりを効率的に扱うために配列がある
- 配列の要素は添字を使って取り出したり書き換えたりできる
- 配列を操作するための便利なメソッドが用意されている

# 第3章 データのまとまりを扱う

## 2 ハッシュでデータに名前を付けてまとめよう

完成ファイル [03_02]

### 予習　データに名前付けできるハッシュを知ろう

**ハッシュ**とは、複数のデータをまとめて扱うためのものです。配列との最大の違いは、添字に数値ではなく文字列を利用できることです。添字を文字列で表現することで、データを名前で管理することができるようになります。

例えば、学生を呼ぶ際に、出席番号で呼ぶよりも氏名で呼ぶ方が誰のことを指しているのかわかりやすいでしょう。同様に、ハッシュを使うとプログラム上で変数が何を指しているのか、人が見てわかりやすく記述することができます。ハッシュは**連想配列**とも呼ばれます。

男性の身長・体重のデータを例に考える

配列だと……
- [164, 60]のように書けるがわかりにくい
- 身長・体重にアクセスするのに添字が直感的ではない

ハッシュなら……
- {height:164, weight:60}のようにわかりやすく書ける
- 身長・体重にheightやweightの名前でアクセスできる

# 体験 ハッシュを作成・操作してみよう

## 1 ハッシュを定義・利用する

テキストエディタを起動し、右のプログラムを記述します❶。1行目で変数 man にハッシュを代入し、その後ハッシュ自体や、ハッシュの中身を表示しています。「C:¥Users¥Public¥Documents¥ruby¥03_02」にファイル名を「hash1.rb」として保存します。

> **Tips**
> hash はハッシュの英語表記です。

```
man = { 'height' => 170, 'weight' => 65 }

p man
p man['height']
p man['weight']
```

❶ 入力

## 2 保存したプログラムを実行する

コマンドライン上でファイルを保存したフォルダーに移動し、プログラムを実行します❶。実行結果として「{"height"=>170, "weight"=>65}」「170」「65」が表示されます。

❶ 実行

```
ruby hash1.rb
```

```
{"height"=>170, "weight"=>65}
170
65
```

3-2 ハッシュでデータに名前を付けてまとめよう　63

### ③ ハッシュのキーをシンボルで定義するプログラムを記述する

テキストエディタを起動し、右のプログラムを記述し❶、ファイル名を「hash2.rb」として保存します。記述内容は異なりますがやっていることはあまり変わりません。

>>> **Tips**
ここでは文字列でなく、シンボルでキーを定義しています (P.69参照)。

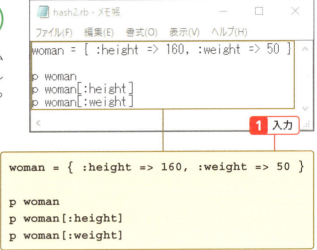

```
woman = { :height => 160, :weight => 50 }

p woman
p woman[:height]
p woman[:weight]
```

### ④ 保存したプログラムを実行する

❷を参考に実行します❶。実行結果として「{:height=>160, :weight=>50}」「160」「50」が表示されます。

>>> **Tips**
heightやweightの表示が❶とは違うことを覚えておきましょう。

```
ruby hash2.rb
```

```
{:height=>160, :weight=>50}
160
50
```

**5 シンボルを使った省略形でハッシュを定義するプログラムを記述する**

テキストエディタを起動し、右のプログラムを記述し❶、ファイル名を「hash3.rb」として保存します。

>> **Tips**
ここでは最も記述量が減る形式でハッシュを定義しています。

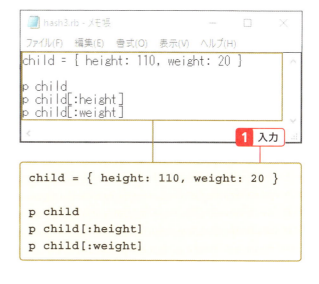

```
child = { height: 110, weight: 20 }

p child
p child[:height]
p child[:weight]
```

**6 保存したプログラムを実行する**

❷を参考に実行します❶。実行結果として「{:height=>110, :weight=>20}」「110」「20」が表示されます。

```
ruby hash3.rb
```

```
{:height=>110, :weight=>20}
110
20
```

3-2 ハッシュでデータに名前を付けてまとめよう

## 7 ハッシュにデータを追加するプログラムを記述する

テキストエディタを起動し、右のプログラムを記述します **1**。ここでは手順 **5** の記述をもとに、3行目でハッシュに新しい要素（キーと値、[理解] 参照）を追加しています。ファイル名を「hash4.rb」として保存します。

```
child = { height: 110, weight: 20 }

child[:age] = 7

p child
p child[:age]
```

## 8 保存したプログラムを実行する

**2** を参考に実行します **1**。実行結果に「{:height=>110, :weight=>20, :age=>7}」「7」が表示されます。新しい要素が追加されていることがわかります。

```
ruby hash4.rb
```

```
{:height=>110, :weight=>20,
:age=>7}
7
```

66 **3** データのまとまりを扱う

## 9 ハッシュのデータを削除するプログラムを記述する

テキストエディタを起動し、右のプログラムを記述します **1**。ここで3行目でハッシュの要素を削除しています。先ほどと同じフォルダーにファイル名を「hash5.rb」として保存します。

```ruby
child = { height: 110, weight: 20, age: 7 }

child.delete(:age)

p child
p child[:age]
```

## 10 保存したプログラムを実行する

**2**を参考に実行します **1**。実行結果として「{:height=>110, :weight=>20}」「nil」が表示されます。要素が削除されていることがわかります。

```
ruby hash5.rb
```

```
{:height=>110, :weight->20}
nil
```

3-2 ハッシュでデータに名前を付けてまとめよう 67

## 理解 ハッシュについて理解を深めよう

### >>> ハッシュの基本的な記述方法

ハッシュは { 'キー1' => 値1, 'キー2' => 値2, ... } のようにキーと値のペアを記述して定義します。

```
{ 'キー' => 値, ...}
```

ハッシュの値に名前付けする部分のことをハッシュの**キー**と呼びます。配列の添字と同様に、ハッシュの要素を取得するにはキー名を使って**ハッシュ['キー']**と記述します。名前によってデータをよりわかりやすく扱います。

```
ハッシュ['キー']
```

| 身長(cm) | 体重(kg) |
|---|---|
| 170 | 65 |

名前付け

| キー | 'height' | 'weight' |
|---|---|---|
| 値 | 170 | 65 |

実際にコードで確認してみましょう。

```
man = {'height' => 170, 'weight' => 65}

man['height']  # 170
man['weight']  # 65
```

### >>> シンボルとは

**シンボル**とは、プログラムで扱うデータに名前を付けるための仕組みです。ハッシュのキーには文字列だけでなくシンボルも使えます。シンボルは通常、先頭に**:(コロン)**を付けて定義します。

シンボルを用いると、ハッシュは { :key1 => 値 1, :key2 => 値 2, ... } と記述できます。

シンボルを使ってハッシュを定義する場合は更に省略して、{ key1: 値 1, key2: 値 2, ... } とも記述できます。省略形の場合には、キー名のシンボルの定義に必要な:(コロン)が先頭ではなくキー名の末尾に記述され、キー名と値の対応を表現する **=>** 演算子が省略されていることに注目してください。

```
# キーが文字列の場合
{"key1" => 値1, "key2" => 値2, ...}
# キーがシンボルの場合
{:key1 => 値1, :key2 => 値2, ...}
# キーがシンボルの場合 (短縮形)
{key1: 値1, key2: 値2, ...}
```

### >>> ハッシュのdeleteメソッド

ハッシュの要素を削除するには**deleteメソッド**を使います。[体験]で確認した通り、deleteメソッドの引数にキー名を指定することで、該当のキーと値のペアを削除できます。

ハッシュ**.delete(**キー**)** と記述します。配列のdeleteメソッドとほぼ同等の機能ですが、ハッシュのdeleteメソッドはハッシュ用のものであり、配列用に提供されるdeleteとは別物です。

```
child = { height: 110, weight: 20, age:7 }

# ハッシュの要素削除
child.delete(:age)
```
引数の:ageのキーが削除される。({ height: 110, weight: 20})

### >>> 存在しないキー名を指定した場合

ハッシュが格納された変数に存在しないキー名を指定した場合は、対応する要素も未定義なのでRubyで「無」を意味する**nil**が返却されます。体験の例では、変数childから:age => 7の要素を削除した後にchild[:age]を表示するとnilが返されている様子がわかります。

## COLUMN　ハッシュに要素を追加するメソッド

ハッシュ用の**storeメソッド**でも要素を追加できます。storeメソッドは1番目の引数にキー名を、2番目の引数に値をカンマ(,)で区切って、ハッシュ.store(キー, 値)と記述します。

```
ハッシュ.store(キー, 値)
```

[体験]の例でいえば、child[:age] = 7という記述をchild.store(:age, 7)と書き換えることもできます。

```
child = {height: 110, weight: 20}
child.store(:age, 7)
```
　　　　　　　　:ageのキーが追加される。({ height: 110, weight: 20, age: 7})

## まとめ

- **ハッシュを使うことで、複数のデータに名前を付けてわかりやすく管理できる**
- **ハッシュの要素はキーを使って取り出したり書き換えたりすることができる**
- **ハッシュを操作するための便利なメソッドがあらかじめ用意されている**

# データのまとまりを効率的に書こう

完成ファイル｜なし

 予習 文字列やシンボルの配列を効率的に書く方法を知ろう ≫

Rubyには**%（パーセント）記法**と呼ばれる記述方法があります。%記法を使うと文字列やシンボルの配列をより効率的に書くことができます。%記法の演算子は、**%（パーセント）**の後に予め決められた英小文字と英大文字をつなぎ合わせて定義されています。%に続く文字の小文字・大文字の違いは、式の展開の有無です。
主な%記法の演算子は以下の通りです。

| 演算子 | 配列の要素 | 式の展開 |
| --- | --- | --- |
| %w | 文字列 | なし |
| %i | シンボル | なし |
| %W | 文字列 | あり |
| %I | シンボル | あり |

### COLUMN　Rubyでは気持ちよく書けることが重要

Rubyではプログラムを書いていて楽しい、より使いやすい書き方を尊重する文化があります。ここで紹介する%記法も慣れると使いやすく記述量が減ります。

# 体験 ％記法で文字列やシンボルの配列を定義しよう

## 1 %wを使って文字列の配列を定義する

irbを起動し、irb上で右のプログラムを実行します❶。実行結果に「["dog", "cat", "mouse"]」が表示されます。

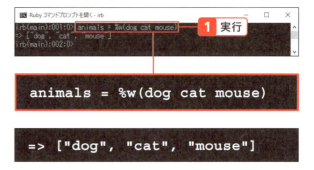

```
animals = %w(dog cat mouse)
```

```
=> ["dog", "cat", "mouse"]
```

## 2 各要素を取り出せることを確認する

irb上で右のプログラムを実行します❶❷❸。実行結果に「"dog"」、「"cat"」、「"mouse"」が表示されます。

>>> Tips
配列についてはP.54を参照してください。

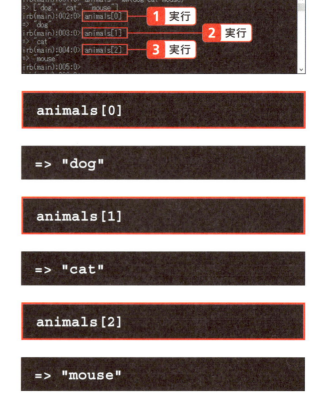

```
animals[0]
```

```
=> "dog"
```

```
animals[1]
```

```
=> "cat"
```

```
animals[2]
```

```
=> "mouse"
```

### 3 %iを使ってシンボルの配列を定義する

irb上で右のプログラムを実行します❶。実行結果に「[:dog, :cat, :mouse]」が表示されます。

### 4 各要素を取り出せることを確認

irb上で右のプログラムを実行します❶❷❸。実行結果に「:dog」、「:cat」、「:mouse」が表示されます。

>>> **Tips**

シンボルについてはP.69を参照してください。

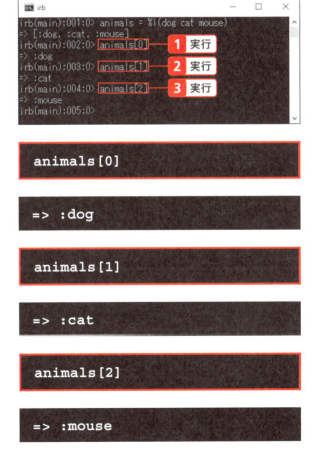

```
animals = %i(dog cat mouse)
```

```
=> [:dog, :cat, :mouse]
```

```
animals[0]
```

```
=> :dog
```

```
animals[1]
```

```
=> :cat
```

```
animals[2]
```

```
=> :mouse
```

3-3 データのまとまりを効率的に書こう

**理解 色々な％記法の記述方法を学ぼう**

### >>> %wと%i

文字列の配列を％記法を用いて記述するには、%w( 文字列1 文字列2 ...)と記述します。[' 文字列1', '文字列2', ...]と同等です。

%wを使って書くと通常より短く記述することができます。文字列1、文字列2の部分を普通に書くとクォーテーションで囲む必要がありますが、この％記法を使うことでクォーテーションで囲む必要もなくなります。文字列ごとの区切りを示すカンマも不要で、半角スペースのみで表現できます。

シンボルの配列を％記法を用いて記述するためには、%i( シンボル1 シンボル2 ...)と記述します。%wを使った文字列の配列の場合に、クォーテーションを省略できたのと同じく、シンボルの先頭の:（コロン）を省略できます。%iを用いずに記述した場合は[:シンボル1, :シンボル2, ...]となります。

|  | 文字列の配列 | シンボルの配列 |
|---|---|---|
| 通常 | ['dog', 'cat', 'mouse'] | [:dog, :cat, :mouse] |
| 短縮形 | %w(dog cat mouse) | %i(dog cat mouse) |

記述が省略できる
- クォーテーション
- カンマ
- コロン
- カンマ

半角スペースは必須

### >>> 式の展開をする%Wと%I

％記法には式の展開をする%W、%Iがあります。%Wは文字列の配列を効率的に表す%wの式展開版、%Iはシンボルの配列を効率的に表す%iの式展開版です。

%Wを使うと式が展開されるので、例えばa = %W(#{1 + 1} #{1 + 2})とすると1 + 1と1 + 2がそれぞれ評価されて、変数aには['2', '3']が代入されます。

%Iを使った例では、a = %I(#{'b' + 'c'}, #{'d' + 'e'})とすると'b' + 'c'と'd' + 'e'がそれぞれ評価されて、変数aには[:bc, :de]が代入されます。

```
┌─ %Wの場合 ──────────────────┐
│                                        │
│    a = %W(#{1 + 1} #{1 + 2})          │
│         ⎿──────────────⏌               │
│          Rubyの式として評価              │
│                                        │
│               ⬇                        │
│                                        │
│           a = %W(2 3)                  │
│                                        │
│               ⬇                        │
│                                        │
│           a = ['2', '3']               │
│                                        │
│        （文字列'2'と'3'の配列）          │
└────────────────────────────────────────┘

┌─ %Iの場合 ──────────────────┐
│                                        │
│   a = %I(#{'b' + 'c'} #{'d' + 'e'})    │
│        ⎿────────────────────⏌          │
│           Rubyの式として評価            │
│                                        │
│               ⬇                        │
│                                        │
│          a = %I(bc de)                 │
│                                        │
│               ⬇                        │
│                                        │
│          a = [:bc, :de]                │
│                                        │
│       （シンボル:bcと:deの配列）         │
└────────────────────────────────────────┘
```

## まとめ

- ●％記法を使うと文字列やシンボルの配列を効率的に記述することができる
- ●％記法の後に続く英字が小文字だと式の展開は行わず、大文字だと式の展開を行う

# 第3章 練習問題

## ■問題1

次の文がそれぞれ正しいかどうかを○×で答えなさい。

①配列の添字は0からはじまる
②<<演算子を使うと配列の先頭に要素が追加される
③ハッシュのキーには文字列しか使えない
④ハッシュから要素を削除するにはdeleteメソッドを使う

## ■問題2

'blue'、'yellow', 'red' という3つの文字列の配列を定義して変数colorsに代入する記述のうち、正しい定義方法を選択しなさい。

①colors = (blue yellow red)
②colors = { 'blue', 'yellow', 'red' }
③colors = ['blue', 'yellow', 'red']

## ■問題3

以下のプログラムを実行すると30が表示されます。プログラムを完成させなさい。

```
man = { name: 'Suzuki' }

man[:age] =  ①

p man ②
```

# 条件に応じてプログラムの処理を変える

- 4-1 条件分岐を理解しよう
- 4-2 複数の条件で最適な処理を選ぼう
- 4-3 条件分岐の特別な書き方を使おう

 第4章 　練習問題

# 第4章 条件に応じてプログラムの処理を変える

## 1 条件分岐を理解しよう

完成ファイル | [04_01]

### 予習 順次処理と条件分岐との違いを学ぼう

プログラムは、基本的に上から順番に実行されていくものです。この性質を順次処理と呼びます（2-1の[予習]参照）。実は、順次処理の他にも、実行すべき処理を選択できる**条件分岐**と呼ばれる仕組みがRubyはじめ多くのプログラミング言語に備わっています。
順次処理や条件分岐など、プログラムの流れを**制御構造**と呼びます。
条件分岐は、人間の生活に置き換えてみるとイメージがわきやすいでしょう。例えば、自宅を出る前に「もし雨が降っている場合は傘を持っていく」とします。「傘を持っていく」ことの条件である「雨が降っている」が「晴れている」に変わったなら、「傘を持っていく」ことはありません。
順次処理では**上から順番に処理を行う**特徴から、すべてのプログラムが実行されます。しかし、傘を持っていくのが雨の日だけであるように、特定の条件でのみ、プログラムを実行することが求められる場面は少なくありません。
このように順次処理だけでは実現できない、特定の条件でのプログラム実行を可能にするのが**条件分岐**です。

雨なら傘は必要

雨ではないなら傘は不要

# 体験 条件分岐するプログラムを実行してみよう

## 1 基本的なif式が記述されたプログラムを保存する

テキストエディタを開き、右のプログラムを記述して❶、ファイル名を「if_else1.rb」として保存します。変数aの値に応じて処理が変わるプログラムです。

>> **Tips**
ここではファイルを「C:¥Users¥Public¥Documents¥ruby¥04_01」に保存します。

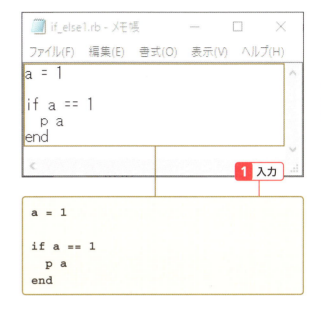

```
a = 1

if a == 1
  p a
end
```

## 2 保存したプログラムを実行する

コマンドライン上で保存したプログラムのあるフォルダーに移動し、ファイル指定して実行します❶。実行結果に「1」が表示されます。「p a」が実行できたことがわかります。

>> **Tips**
ここではファイルを保存したフォルダーに応じて「cd C:¥Users¥Public¥Documents¥ruby¥04_01」と入力して移動します。

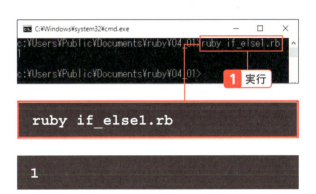

```
ruby if_else1.rb
```

```
1
```

4-1 条件分岐を理解しよう

### 3 if～else式のプログラムを保存する

テキストエディタを開き、右のプログラムを記述し①、ファイル名を「if_else2.rb」として保存します。ここでも同じく変数aの値に応じて処理が変わります。aに代入する数値を確認してみましょう。

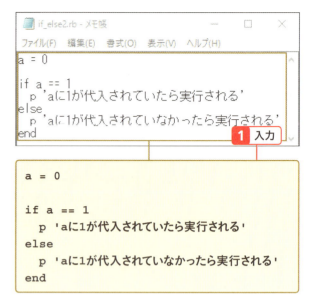

### 4 保存したプログラムを実行する

②を参考にプログラムを実行します①。「"aに1が代入されていなかったら実行される"」と表示されます。2つあるpのうち1つしか実行されないことが確認できます。aの値によって処理の流れが変わっています。

### 5 if式の条件を変えたプログラムを保存する

テキストエディタを開き、右のプログラムを記述し①、ファイル名を「if_else3.rb」として保存します。ここでも変数aの値に応じて処理が変わります。ここでは③と異なり、「!=」を使っていることに注目してください。

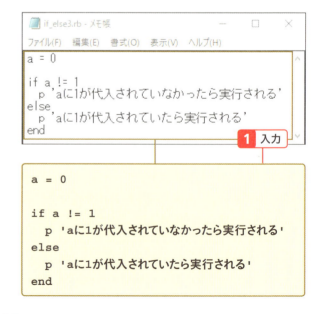

**6 保存したプログラムを実行する**

❷を参考にプログラムを実行します❶。こちらも2つあるpのうち1つしか実行されません。

**COLUMN　インデント**

if式（[理解] 参照）で実行したい処理は、ifの位置より半角スペース2つを入れて字下げするのが一般的です。この字下げのことを**インデント**と呼びます。実はRubyでは、if式で実行したい処理をインデントしなくても文法エラーにはなりません。しかし、インデントしないと人が読んでわかりにくいので、一般的なコーディング規約（**2-4**の[理解] 参照）ではインデントを推奨しています。また、if～endで囲まれた処理は複数行書くことができます。複数行書く場合にも、ifの条件式がtrueだった場合に実行される処理のかたまりであることがわかりやすいように、インデントを揃えることが推奨されています。

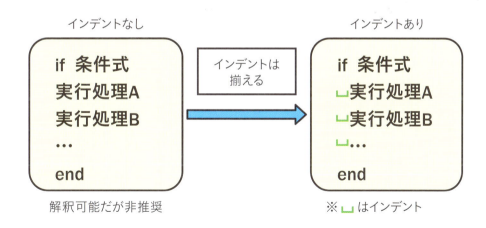

本書のサンプルプログラムはif式以外でもスペース2つのインデントを採用しています。プログラムを自分で書くときの参考にしてください。

## 理解 条件分岐の構文と比較演算子の種類を理解しよう

### >>> if式と条件式

Rubyで条件分岐を表現するには、条件部分である「もし」を英語で表現した場合の単語である**if**を使った構文を利用します。

この構文のことを**if式**と呼びます。英語の文法と似ていますが、if式の終了を表すために**end**を記述する必要があるなどプログラミング言語の独特の記述が必要です。

ifの後には、半角スペースを置いて**条件式**を記述します。**条件式**とは、データが一致するかどうかや数値の大小など特定の条件が正しいか否かを判断するプログラムのことです。条件式が正しい場合は**true**、誤っている場合は**false**という値（オブジェクト）が返ってきます。trueのことを**真**、falseのことを**偽**と呼ぶこともあります。また、trueとfalseをまとめて**真偽値**と呼びます。

条件を表現するのに、専用の演算子（比較演算子、P.83参照）が用意されています。例えば、値が等しいことを評価するには**==**と「=」記号を２つ並べて記述します。数学では「=」記号1つで左辺と右辺が等しいことを表現しますが、Rubyでは「=」記号1つだと変数への代入を意味してしまうので2つ並べます。**!**記号はRubyでは否定の表現としてしばしば用いられます。**!=**の評価結果は「==」の逆、すなわち等しくない場合に**true**になります。

### >>> if式

if式の基本的な構文は以下のようにまとめることができます。

```
if 条件式
    処理   ← 条件式がtrueの場合に実行
end
```

### >>> if-else式

if式の条件式がfalseの場合にも特定の処理を実行したい場合は、**else**を使います。if～else～endと記述すると、if式の条件式がfalseの場合にelseとendで囲まれた部分の処理が実行されます。else～endで囲まれる処理も複数行記述できます。elseの前に記述した処理と同様、else～endで囲まれる処理もインデントを揃えます。if～elseの間のインデントとelse～endの間のインデントを揃えなくても動作しますが、読みやすさの点でインデントを揃えましょう。

## COLUMN unless式

if式では、条件式がtrueの場合に直後の処理が実行されますが、処理の実行条件が逆の構文であるunless式もあります。unless式では、条件式がfalseの場合に直後の処理が実行され、条件式がtrueの場合にelse以降の処理が実行されます。

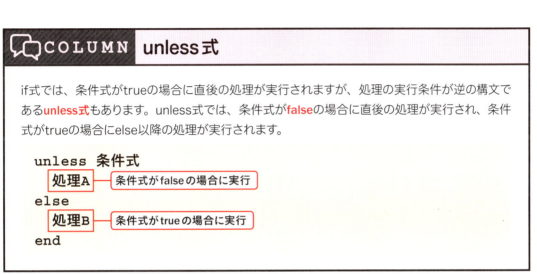

### ▶▶▶ 比較演算子

条件式として使った==や!=などの演算子は、**比較演算子**と呼ばれます。比較演算子にはその他にも以下のようなものがあります。Rubyでは実際は真偽値以外を使ったif式が存在しますが、わかりやすさから条件式には比較演算子による真偽値をよく使います。

| 比較演算子 | 評価結果 |
| --- | --- |
| == | 左辺と右辺が等しい場合true、そうでない場合false |
| != | 左辺と右辺が等しくない場合true、そうでない場合false |
| > | 右辺より左辺が大きい場合true、そうでない場合false |
| >= | 左辺が右辺以上の場合true、そうでない場合false |
| < | 左辺より右辺が大きい場合true、そうでない場合false |
| <= | 右辺が左辺以上の場合true、そうでない場合false |

## COLUMN 比較演算子の記号に慣れる

「>」「<」などは数学でいわゆる「大なり・小なり」を表現するので直感的に理解しやすいのではないでしょうか。ただ、「以上」や「以下」を表す数学でいう不等号は「≧」「≦」と記述するのに対し、Rubyプログラミングではより単純な文字列として扱いやすいように工夫されています。<（大なり）・>（小なり）の記号とイコール記号を横に並べて「>=」「<=」と表現します。irbで1 >= 0など比較演算子を試して動作を確認するといいでしょう。

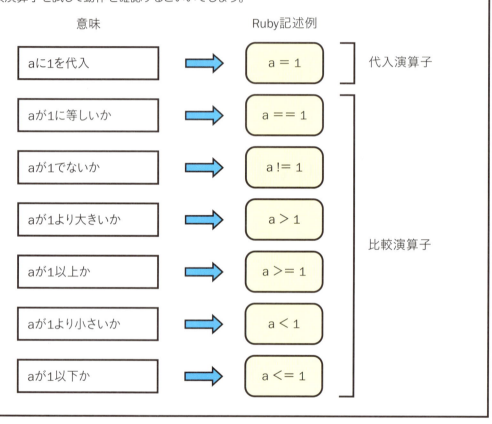

## まとめ

- **if**で、条件式が正しい場合に特定の処理を実行できる
- **else**で、条件式が正しくない場合に特定の処理を実行できる
- **if**式の条件式でデータを比べるための演算子がある

# 第4章 条件に応じてプログラムの処理を変える

## 2 複数の条件で最適な処理を選ぼう

完成ファイル | [04_02]

 予習 **複数の条件で処理を制御できることを知ろう** >>>

4-1では、ifやelseを使って1つの条件に一致する場合と一致しない場合で実行する処理を分けられることを学びました。では、条件が1つではなく、2つ以上あって、それぞれ実行する処理を分けたいときはどうすれば良いでしょうか。

例えば、自宅を出る前に「雨が降っているなら（折り畳みでない）傘を持っていく」「くもりなら折り畳み傘を持っていく」とします。この場合、「（折り畳みでない）傘を持っていく」ことの条件である「雨が降っている」と「折り畳み傘を持っていく」ことの条件である「くもりである」はそれぞれ別の処理と条件と言えます。

このような複数の条件に対応する処理を実行するには **case式** を用います。

複数の条件を設定したいことがある

4-2 複数の条件で最適な処理を選ぼう | 85

## 体験 case式で複数の条件に応じて実行する処理を分けよう

### 1 case式を使ったプログラムを保存する

テキストエディタを開き、右のプログラムを記述して❶、ファイル名を「case1.rb」として保存します。ここでは変数aの値に応じて処理を振り分けています。when以降に書かれた数値と処理がどう振り分けられるかに注目してください。

>>> **Tips**

ここではファイルを「C:¥Users¥Public¥Documents¥ruby¥04_02」に保存します。

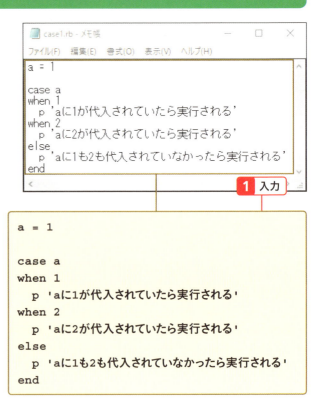

❶ 入力

```
a = 1

case a
when 1
    p 'aに1が代入されていたら実行される'
when 2
    p 'aに2が代入されていたら実行される'
else
    p 'aに1も2も代入されていなかったら実行される'
end
```

### 2 保存したプログラムを実行する

コマンドライン上で保存したプログラムのあるフォルダに移動し、ファイル指定して実行します❶。実行結果に「"aに1が代入されていたら実行される"」が表示されます。

>>> **Tips**

ここではファイルを保存したフォルダーに応じて「cd C:¥Users¥Public¥Documents¥ruby¥04_02」と入力して移動します。

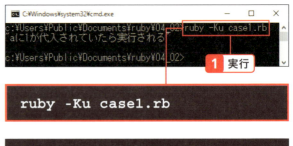

❶ 実行

```
ruby -Ku case1.rb
```

"aに1が代入されていたら実行される"

### 3 変数aに代入する値を変更したプログラムを保存する

テキストエディタを開き、右のプログラムを記述します 1。変数aに代入する数値を変えています。ファイル名を「case2.rb」として保存します。

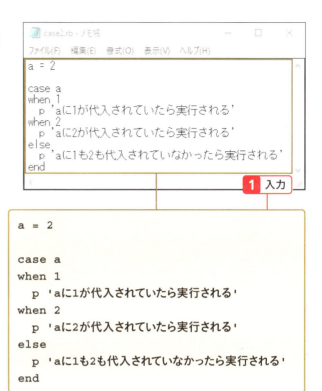

```
a = 2

case a
when 1
  p 'aに1が代入されていたら実行される'
when 2
  p 'aに2が代入されていたら実行される'
else
  p 'aに1も2も代入されていなかったら実行される'
end
```

### 4 保存したプログラムを実行する

2 を参考にプログラムを実行します 1。実行結果に「"aに2が代入されていたら実行される"」が表示されます。

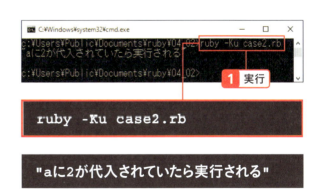

```
ruby -Ku case2.rb
```

```
"aに2が代入されていたら実行される"
```

4-2 複数の条件で最適な処理を選ぼう | 87

## 5 変数aに代入する値を変更したプログラムを保存する

テキストエディタを開き、右のプログラムを記述し①、ファイル名を「case3.rb」として保存します。ここでは変数aがwhen以降に書かれたいずれの値にも一致しないことに注目してください。

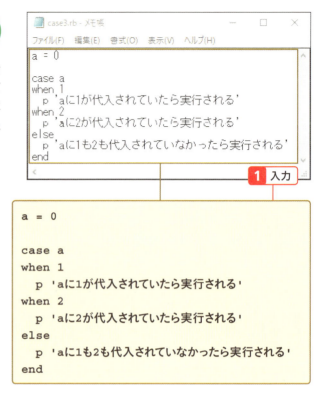

①入力

```
a = 0

case a
when 1
  p 'aに1が代入されていたら実行される'
when 2
  p 'aに2が代入されていたら実行される'
else
  p 'aに1も2も代入されていなかったら実行される'
end
```

## 6 再度修正したプログラムを実行する

②を参考に実行します①。実行結果に「"aに1も2も代入されていなかったら実行される"」が表示されます。

①実行

`ruby -Ku case3.rb`

**"aに1も2も代入されていなかったら実行される"**

## 理解 複数の条件で処理を分岐させる構文を確認しよう >>>

### >>> case式

複数の条件を記述するには **case式** という構文が用意されています。caseは、英語で「場合」という意味です。case式は **case** の他に、**when**、**else**、**end** を用いて記述します。
case式では条件式を記述せず、caseの直後に変数を指定し、変数が取りうる値をwhenの直後に記述します。これによって、変数の値が一致するwhen句のコードが実行されるというわけです。条件のいずれにも該当しない場合に実行したい処理がない場合、if式同様 **else** を使います。elseは省略しても構いません。
case式を使って複数の条件で処理を分岐させる構文をまとめると、以下の通りです。

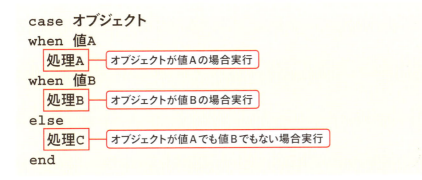

> **COLUMN　case式の一致条件**
>
> ここではwhenに指定する値に数値を使いましたが、文字列やハッシュでも問題ありません。

4-2 複数の条件で最適な処理を選ぼう　89

## COLUMN　elsif

実はcase式だけでなく、if式でも条件が2つ以上あるプログラムを elsif を使って表現することができます。elsifを使ったif式の構文をまとめると以下の通りです。elsifは処理Aが実行されるケース（条件式Aがtrue）では実行されません。

```
if 条件式A
    処理A    ← 条件式Aがtrueの場合実行
elsif 条件式B
    処理B    ← 条件式Bがtureの場合実行
else
    処理C    ← 条件式Aと条件式Bがともにfalseの場合実行
end
```

## COLUMN　〜句という表現

プログラミングの文法ではしばしば、〜句という表現を用います。if式やcase式の構文で使用されるif、elsif、case、whenなどとつなぎ合わせて、**if句**、**elsif句**、**case句**、**when句**などと表現します。「句」とは、言葉や文章の区切りを指すので、例えば**if句**と表現する場合、ifと後に続く条件式を指します。

### まとめ

- 複数の条件に応じて処理を分けるには case 式を使う
- case 式だけでなく、if 式で elsif を使って複数の条件に応じて処理を分けることもできる

# 第4章 条件に応じてプログラムの処理を変える

## 3 条件分岐の特別な書き方を使おう

完成ファイル [04-03]

### 予習 より複雑な条件を定義する方法があることを知ろう >>>

これまでみてきた例では条件を1つだけ記述する方法でした。しかし時にはより複雑な条件を記述したい場合もあるでしょう。たとえば、「自宅を出る時にはくもっている」という条件と「午後の降水確率が50%以上である」という条件が両方満たされた場合などです。
このような条件を表現する為に**論理演算子**が用意されています。

より複雑な条件
- くもり
- かつ
- 午後の降水確率が50%以上

折り畳み傘

## 体験 論理演算子を使ったプログラムを記述し実行しよう

### 1 論理演算子を使ったプログラムを保存する

テキストエディタを開き、右のプログラムを記述して **1**、ファイル名を「logical_operator1.rb」として保存します。&&で条件式をつなげています。

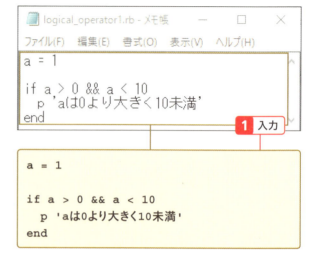

### 2 保存したプログラムを実行する

コマンドライン上でファイルを保存したフォルダーに移動し、プログラムを実行します **1**。実行結果に「"aは0より大きく10未満"」が表示されます。

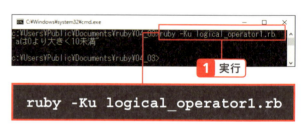

### 3 論理演算子を使ったプログラムを保存する

テキストエディタを開き、右のプログラムを記述して **1**、ファイル名を「logical_operator2.rb」として保存します。||で条件式をつなげています。

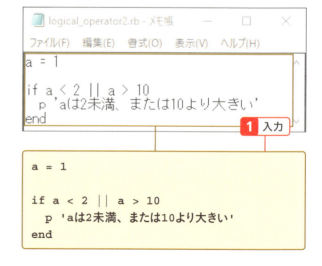

### 4 保存したプログラムを実行する

❷を参考にプログラムを実行します❶。実行結果に「"aは2未満、または10より大きい"」が表示されます。

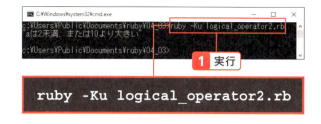

### 5 論理演算子を使ったプログラムを保存する

テキストエディタを開き、右のプログラムを記述して❶、ファイル名を「logical_operator3.rb」として保存します。条件式を（　）で囲み!を付けています。

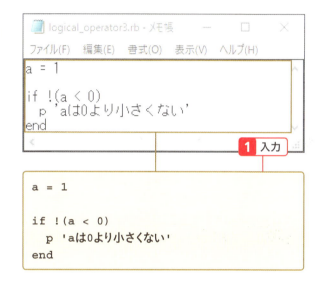

```
a = 1

if !(a < 0)
  p 'aは0より小さくない'
end
```

### 6 保存したプログラムを実行する

❷を参考にプログラムを実行します❶。実行結果に「"aは0より小さくない"」が表示されます。

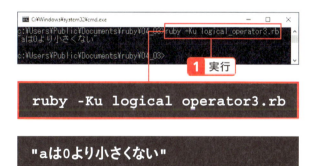

4-3 条件分岐の特別な書き方を使おう　93

理解 **特別な条件分岐の書き方を学ぼう**

### >>> 論理演算子

**論理演算子**とは、複数の条件式を組み合わせてより複雑な条件を表現するために用意されている演算子です。論理演算子を用いると、例えば「変数aが0より大きく、かつ、10より小さい」など、複数の条件を表現することができます。

代表的な論理演算子には **&&**、**||**、**!** の3つがあります。例えば&&演算子は「かつ」を表し、**条件式A && 条件式B** と記述すると、「条件式Aがtrueかつ条件式Bがtrue」という条件になります。!は条件の反転を行います。「!true」とirbで入力すると、「false」が返されます。[体験]では条件式を()で囲みました。これはどの部分を反転させるか指定するためのものです。

それぞれの演算子の意味をまとめると以下の通りです。

| 論理演算子 | 使用例 | 評価結果 |
| --- | --- | --- |
| && | 条件式A && 条件式B | 条件式Aがtrue、かつ、条件式Bがtrue |
| \|\| | 条件式A \|\| 条件式B | 条件式Aがtrue、または、条件式Bがtrue |
| ! | !(条件式A) | 条件式Aを反転させる（条件式Aの否定） |

### 💬 COLUMN 後置if、後置unless

最も基本的なif式は**4-1**で体験した通りですが、elsif句やelse句がなく、if句の条件に一致した場合に実行する処理を1行で書ける特殊な場合は、実行したい処理の後ろにif句を置いて1行で記述することができます。この記述方法を**後置if**と呼びます。

以下のプログラムは同じ意味になります。

```
# 通常のif文
if 条件式
   条件式がtrueの場合に実行したい処理
end
```

```
# 後置if
条件式がtrueの場合に実行したい処理 if 条件式
```

また、同様にunlessを使っての**後置unless**も記述できます。

条件式がfalseの場合に実行したい処理 unless 条件式

## COLUMN 条件演算子

条件演算子（三項演算子）とは、条件によって実行された処理結果を返す演算子です。処理結果を返すので、条件によって変数に代入する値を変えたい場合に良く使われます。条件演算子は、?と:を使って記述します。

たとえば、変数aの値が0より大きいなら変数bに1を、そうでないなら変数bに0を代入するプログラムはb = a > 0 ? 1 : 0と記述します。

### まとめ

- ●より複雑な条件を表現する為には、論理演算子を使う
- ●論理演算子&&は左右の条件式を両方満たす場合にtrueを返す
- ●論理演算子‖は左右の条件式をどちらか満たす場合にtrueを返す

# 第4章 練習問題

## ■問題1

次の文がそれぞれ正しいかどうかを○×で答えなさい。

①if式の後には条件式を記述し、条件式はtrueまたはfalseで評価される
②複数の条件によって処理を分けることができるのはcase式だけである
③条件式A && 条件式BはAもBも正しい場合のみtrueを返す

## ■問題2

変数aに0が代入されている場合、以下の条件式のうちfalseになるものを選択しなさい。

①a == 0
②a < 0 || a > 0
③a != 1

## ■問題3

以下のプログラムを実行すると6が表示されます。プログラムを完成させなさい。

```
a = 5

   ①    a % 3
when 0
  p a + 3
when 1
  p a + 2
when    ②
  p a +    ③
end
```

# 繰り返し処理する

5-1　好きな回数処理を繰り返そう

5-2　必要な分だけ処理を繰り返そう

5-3　条件に応じて処理を繰り返そう

5-4　その他の繰り返し処理を学ぼう

5-5　複数の要素を処理しよう

第5章　練習問題

# 第5章 繰り返し処理する

## 1 好きな回数処理を繰り返そう

完成ファイル [05_01]

 予習 **指定した回数だけ処理を繰り返せることを知ろう**

### >>> 繰り返し処理とは

プログラムを記述するにあたり、繰り返し同じことをしたい場面があります。例えば、普通に記述すると同じ処理を10回繰り返すには、10回同じプログラムを書く必要があります。しかし、Rubyには繰り返し同じ処理をするときコンパクトに書ける仕組みが用意されています。この仕組みのことを**繰り返し処理**と呼びます。繰り返し処理は**ループ**とも呼びます。順次処理と条件分岐に、繰り返し処理を加えた3つが、プログラムの制御構造の基本です（**4-1**の[予習]参照）。

本章では代表的な繰り返し処理のメソッドを学びます。

同じ処理はまとめて書ける

## ▶▶▶ 指定した回数だけ処理を繰り返すtimesメソッド

Rubyでは、繰り返し処理を表すために、さまざまなメソッドを用意しています。最も単純な繰り返し条件の1つに、**指定した回数だけ処理を繰り返す**ことがあります。たとえば、「10回だけ数値1を表示したい」といったケースです。このようなとき、繰り返し処理を実行するには**timesメソッド**を利用します。

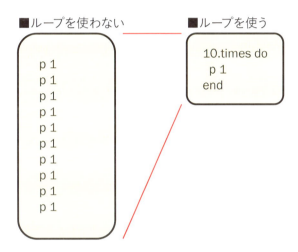

### COLUMN プログラミング初心者がつまずきやすい繰り返し処理

プログラミング初心者が最初につまずきやすいのが、繰り返し処理です。順次処理と条件分岐はプログラムが1度だけ実行されますが、繰り返し処理は同じプログラムが何度も実行される点に注意が必要です。

# timesメソッドを使ってみよう

### 1 timesメソッドを使ったプログラムを保存する

テキストエディタを開いて右のプログラムを記述し 1 、ファイル名を「times1.rb」として保存します。「10」が繰り返す回数です。

>>> Tips
ここではファイルを「C:¥Users¥Public¥Documents¥ruby¥05_01」に保存します。

```
10.times do
  p 1
end
```

### 2 保存したプログラムを実行する

コマンドライン上でファイルのあるフォルダーに移動し、プログラムを指定して実行します 1 。実行結果に「1」が10回表示されます。

```
ruby times1.rb
```

## 3 実行回数を表示するプログラムを保存する

テキストエディタを開いて右のプログラムを記述し❶、ファイル名を「times2.rb」として保存します。

>> **Tips**

変数の変化に注目してください。ここで出てきた変数iは[理解]で解説します。

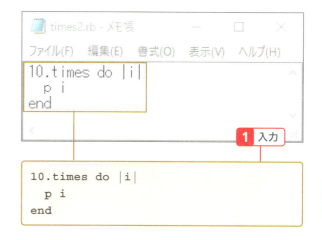

## 4 保存したプログラムを実行する

❷を参考に実行します❶。実行結果に数値「0」から「9」が表示されます。変数iが0から9まで10回代入されていることがわかります。

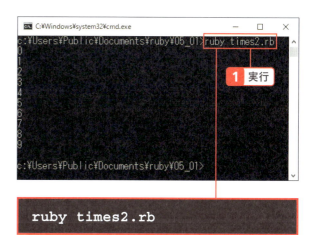

## 理解 timesメソッドとブロックの構文を学ぼう

### >>> timesメソッドの書式

timesメソッドは数値のメソッド（第1章、第6章参照）です。繰り返したい回数の数値の後にドット(.)を記述した後にtimesを記述し、続けて繰り返したい処理をdo〜endで囲んで書きます。

また、繰り返しの回数をdo〜endで囲まれた処理で使いたい場合はdoの後に半角スペースで|変数|と指定することで利用できます。変数は「0」から繰り返しのたびに「1」ずつ増えていきます。［体験］で確認した通り、変数に入る実際の値は繰り返し回数-1の値であることに注意が必要です。これは配列のサイズとインデックスの関係によく似ています。

### >>> do〜end表記

timesメソッドの書式をまとめると以下の通りです。変数は省略できます。

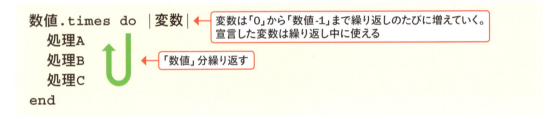

### >>> {〜} 表記

timesメソッドのdo〜endは、{〜}で書き換えることができます。表記は以下の通りです。変数は同様に省略できます。

```
数値.times{ |変数|
    処理A
    処理B
    処理C
}
```

## COLUMN　Rubyのブロック

timesメソッドのように、Rubyではしばしば処理をdo～endという記述で囲みます。この囲まれた処理のまとまりのことを**ブロック**と呼びます。
ブロックの処理は{～}で置き換えられます。［体験］❸は次のようにも書けます。

```
10.times { |i| p i }
```

Rubyは改行の有無に関係なく、do～endでも{～}でもブロックとして認識します。
ただし主なコーディング規約の慣習として、do～endで囲まれたブロックの処理は改行してインデントし、{～}で囲まれたブロックの処理は1行で記述することが多いです。したがって、ブロックで実行したい処理が複数行にまたがる場合はdo～endを使用します。逆に、ブロックで実行したい処理が1行で記述できるほど短い場合は{～}を使用します。

```
数値.times do |変数|
    繰り返す処理A
    繰り返す処理B
    繰り返す処理C
    ...
end
```

do～endで囲まれた部分を**ブロック**と呼ぶ

## まとめ

- 指定した回数、繰り返し処理を実行するには**times**メソッドを使う
- **do～end**で囲まれた部分をブロックと呼ぶ
- **do～end**のブロックは**{～}**で書き換えることができる

# 第5章 繰り返し処理する

## 必要な分だけ処理を繰り返そう

完成ファイル | [05_02]

  予習 | **必要な分だけ処理を繰り返すeachメソッド**

繰り返し処理の条件の中には、回数を指定せず必要なだけ、内容に応じて処理を繰り返したいという場面が出てきます。たとえば「配列やハッシュの数の分だけ処理を繰り返したい」ことがあります。Rubyの配列やハッシュには、それぞれの要素に対して繰り返し処理するための**eachメソッド**が提供されています。eachメソッドはtimesメソッドと違って、繰り返しの回数を意識することなく繰り返し処理を記述することができます。

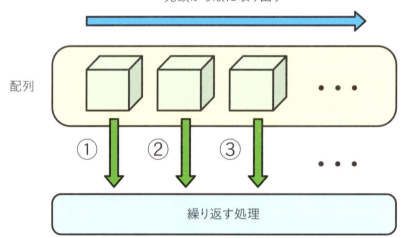

# eachメソッドを使ってみよう

### 1 配列にeachメソッドを使ったプログラムを保存する

テキストエディタを開いて右のプログラムを記述し❶、ファイル名を「each1.rb」として保存します。変数iやブロックに注目してください。

>> **Tips**
ここではファイルを「C:¥Users¥Public¥Documents¥ruby¥05_02」に保存します。

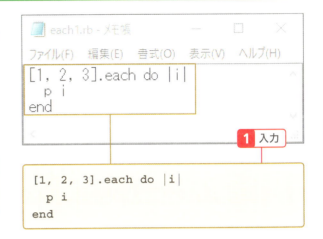

```
[1, 2, 3].each do |i|
  p i
end
```

### 2 保存したプログラムを実行する

コマンドライン上でファイルのあるフォルダーに移動しプログラムを指定して実行します❶。実行結果に「1」から「3」までの数値が表示されます。

>> **Tips**
配列の中身を変えて試してみましょう。

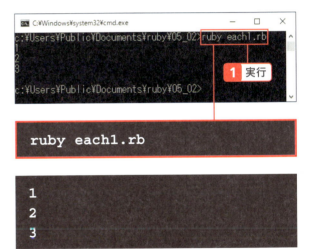

```
ruby each1.rb
```

```
1
2
3
```

5-2 必要な分だけ処理を繰り返そう　105

### 3 ハッシュにeachメソッドを使ったプログラムを保存する

テキストエディタを開いて右のプログラムを記述し **1**、ファイル名を「each2.rb」として保存します。変数element、key、valueのそれぞれのはたらきに注目してください。

**1 入力**

```ruby
{ height: 170, weight: 60 }.each do |element|
  p element
end

{ height: 170, weight: 60 }.each do |key, value|
  p key
  p value
end
```

### 4 保存したプログラムを実行する

**2**を参考に実行します **1**。実行結果に「[:height, 170]」「[:weight, 60]」、「:height」「170」「:weight」「60」が表示されます。ハッシュのキーと値の組、キー、値がそれぞれ取り出せました。

```
ruby each2.rb
```

```
[:height, 170]
[:weight, 60]
:height
170
:weight
60
```

### 5 省略表記したプログラムを保存する

テキストエディタを開いて以下のようなプログラムを記述し❶、ファイル名を「each3.rb」として保存します。ここでは表記の短さに注目してください。

```
[1, 2, 3].each { |i| p i }

{ height: 170, weight: 60 }.each { |element| p element }
```

### 6 保存したプログラムを実行する

❷を参考に実行します❶。実行結果に「1」「2」「3」、「[:height, 170]」「[:weight, 60]」が表示されます。

```
ruby each3.rb
```

```
1
2
3
[:height, 170]
[:weight, 60]
```

5-2 必要な分だけ処理を繰り返そう　107

## 理解 配列・ハッシュのeachメソッドの構文を学ぼう

### >>> 配列のeachメソッドの書式

eachメソッドを使うと、配列の全ての要素に対して同じ処理を実行します。eachメソッドを使う利点は、配列の要素がいくつあるかを意識して回数を指定する必要のないことです。eachメソッドは、配列にドット(.)でeachメソッドをつなげて記述します。半角スペースの後、ブロックを記述し直後にブロックに渡す値を|変数|で定義します。繰り返し実行する処理をブロックの中に記述するのはtimesメソッド同様です。

配列のeachメソッドの書式をまとめると以下の通りです。eachメソッドのdo〜endは{ }で置き換えられます。

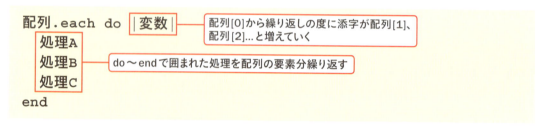

### >>> ハッシュのeachメソッドの書式（ブロックの変数が1つの場合）

ハッシュのeachメソッドの基本的な書式は配列の場合と似ています。違うのは、変数の数によって挙動が異なる点です。変数が1つの場合は、ハッシュに定義されたうちの最初のキーと値のペアの配列が代入されます。ここではキーと値のペアのハッシュではなく、配列である点に注意が必要です。[体験]の❸の例では、変数elementのように変数の数が1つの場合、do〜endで囲まれたブロックの中でelementに代入される最初の値は{height: 170}というハッシュではなく、[:height, 170]という配列であることが確認できます。

ハッシュのeachメソッドの書式をまとめます。これは変数が1つの場合です。

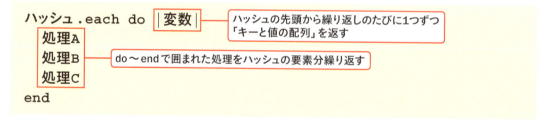

### >>> ハッシュのeachメソッド（ブロックの変数が2つの場合）

ブロックに渡す変数が2つの場合は、ハッシュに定義されたうちの1つのキーが1番目に定義された変数に代入され、値が2番目に定義された変数に代入されます。
［体験］の❸の例では、元のハッシュの1番目のキー（シンボル）と値のペアである{height: 170}のうち、変数keyに:heightが、変数valueに170が代入されていることが確認できます。

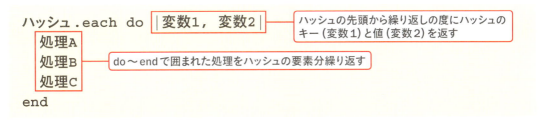

### まとめ

- 配列やハッシュに対して繰り返し処理を行うにはeachメソッドを使う
- eachメソッドの繰り返し処理のブロックでは、配列やハッシュの要素を変数に代入して利用できる
- eachメソッドは配列とハッシュで動作が異なる

# 第5章 繰り返し処理する

## 3 条件に応じて処理を繰り返そう

完成ファイル | [05_03]

 予習 **条件に応じて処理を繰り返すwhile式を知ろう**>>>

にわか雨が降ってきたら雨が止むまではずっと雨宿りをするように、繰り返し処理によっては、条件に応じて処理を繰り返したい場面があります。例えば、合計金額が1万円を超えるまで金額を加算していくといった処理もそうでしょう。

このような繰り返し処理は、繰り返す回数を意識することなく、条件に応じて繰り返すプログラムを記述できるメリットがあります。

Rubyでは、このために **while式** が提供されています。whileに続く条件式（**4-1**の[理解]参照）がtrueの間はずっと処理を繰り返します。

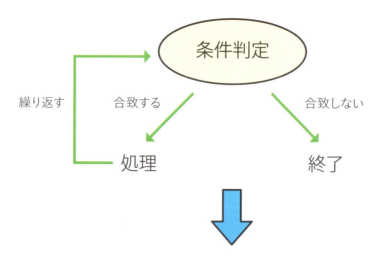

# 体験 while 式を使ってみよう

### 1 while 式を使ったプログラムを保存する

テキストエディタを開いて以下のプログラムを記述し❶、ファイル名を「while1.rb」として保存します。while に続いて条件式を指定しています。これが繰り返し処理に使われます。

>> **Tips**
ここではファイルを「C:¥Users¥Public¥Documents¥ruby¥05_03」に保存します。

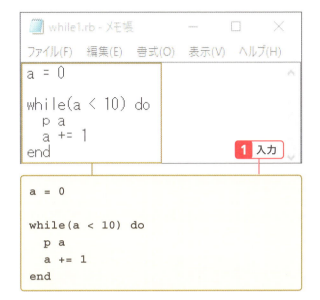

```
a = 0

while(a < 10) do
  p a
  a += 1
end
```

### 2 保存したプログラムを実行する

コマンドライン上でファイルのあるフォルダーに移動し、プログラムを指定して実行します❶。実行結果に「0」から「9」までの数値が表示されます。条件に応じて繰り返されていることがわかります。

>> **Tips**
a < 10 の部分を数値を変えたり、比較演算子を変更したりして動作を確認してみましょう。動作が終わらなくなってしまったときは❹を参照して実行を中断しましょう。

`ruby while1.rb`

5-3 条件に応じて処理を繰り返そう | 111

## 3 無限ループを発生させるプログラムを保存する

テキストエディタを開いて右のプログラムを記述し①、ファイル名を「while2.rb」として保存します。ここではブロック内で変数aが変化しません。

```
a = 0

while(a < 10) do
  p a
  sleep 1
end
```

## 4 保存したプログラムを実行し強制終了する

②を参考に実行します①。実行結果に1秒おきに「0」が表示され続けます。無限ループが発生して、処理は終わりません。**Ctrl**と**C**を同時に入力して強制終了します。

>>> **Tips**

macOSではcontrol＋Cでrubyの実行を中断。

```
ruby while2.rb
```

```
0
0
0
while2.rb:5:in `sleep': Interrupt
    from while2.rb:5:in `<main>'
```

## 5 breakを使ったプログラムを保存する

テキストエディタを開いて右のプログラムを記述し❶、ファイル名を「while3.rb」として保存します。whileの後の条件は常にtrueですが、breakの後にifがあることに注目してください。

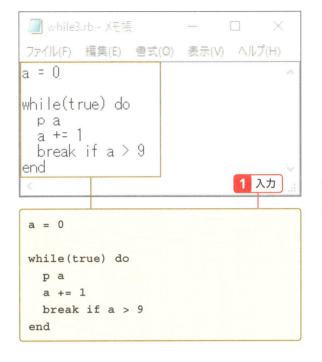

```
a = 0

while(true) do
  p a
  a += 1
  break if a > 9
end
```

## 6 保存したプログラムを実行する

❷を参考に実行します❶。実行結果に「0」から「9」までの数値が表示されます。条件に応じてbreakが実行されて、処理が中止されたことが読み取れます。

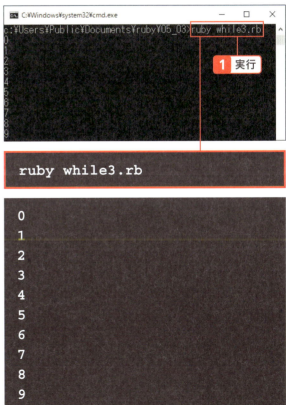

```
ruby while3.rb
```

```
0
1
2
3
4
5
6
7
8
9
```

5-3 条件に応じて処理を繰り返そう

## 7 nextを使ったプログラムを保存する

テキストエディタを開いて以下のプログラムを記述し①、ファイル名を「while4.rb」として保存します。nextとその条件に注目してください。

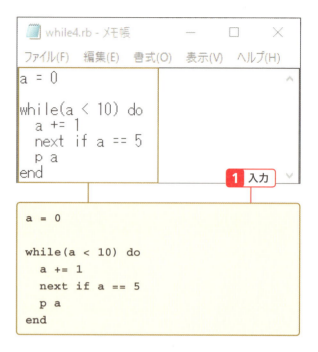

```
a = 0

while(a < 10) do
  a += 1
  next if a == 5
  p a
end
```

## 8 保存したプログラムを実行する

②を参考に実行します①。実行結果に5を除いて「1」から「10」までの数値が表示されます。条件に合致するとnextによって、以後の処理を行わずに、次の繰り返しに向かっています。

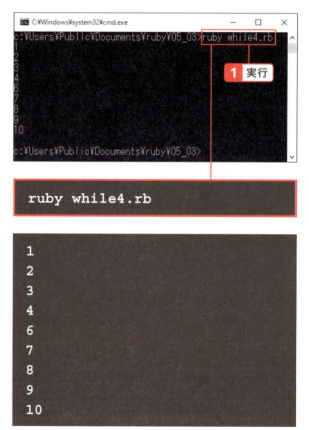

```
ruby while4.rb
```

```
1
2
3
4
6
7
8
9
10
```

## 理解 while式とbreak、nextの構文を学ぼう

### >>> while式の構文

while式はwhileに続き(条件式)(4-1の[理解]参照)を記述し、繰り返し実行したい処理をdo～endで囲んで記述します。while式ではtimes、eachメソッドのようにdo～endを{～}で置き換えられないことは注意してください。

while式の性質上、繰り返し処理の結果、ずっと条件式がtrueにならない場合は処理が終わらないことになってしまうので注意が必要です。プログラミングの世界ではずっと終わらない繰り返し処理のことを**無限ループ**と呼びます。無限ループは、人による操作や他のプログラムの出力に変化があった場合に特定の処理を行うなどの用途で使われることがありますが、意図せずして無限ループを書くのは望ましくありません。

while式の書式をまとめると以下の通りです。

```
while(条件式) do
    処理A
    処理B      条件式がtrueの間は処理が繰り返される
    処理C
end
```

### >>> breakを使った構文

繰り返し実行する処理の中でbreakを記述するとループを抜けます。[体験]の❺で確認したbreak if a > 9は、後置if(4-3のコラム参照)でbreakする条件を指定しています。つまり**変数aが9より大きいなら繰り返し処理を中断する**という意味です。whileの条件式がtrueで固定されているため、通常だと無限ループになってしまいますが、このbreakによって繰り返し処理が中断されている様子が実行結果から確認できます。

```
while(条件式) do
    ...
    break      breakが呼ばれたら繰り返し処理を終了(抜ける)
    処理A      breakが呼ばれたため、この処理は実行されない
end
```

### >>> nextを使った構文

繰り返し実行する処理の中でnextを記述すると処理を中断し、次の繰り返し処理に移ることができます。体験で確認したnext if a == 5は、先ほどのbreakと同じく後置ifで次の繰り

返し処理に移る条件を指定しています。つまり**変数aが5と等しいなら現在の繰り返し処理を中断して次の繰り返し処理に移る**という意味です。変数aに5が代入されている場合、処理が途中で中断されるので後続の p a が実行されません。よって出力結果には5が出力されません。また次の6以降は出力されているので、nextによって次の繰り返し処理に移ったことがわかるでしょう。

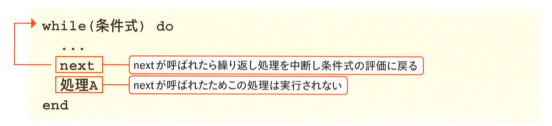

## COLUMN break、nextと繰り返し処理

breakとnextは、times、eachメソッドなど、繰り返し処理全般で同様に使えます。timesメソッドのブロックでbreakを使った例とeachメソッドのブロックでnextを使った例です。

```
10.times do |i|
  p i
  break if i == 1
end
```

```
0
1
```

```
[1, 2, 3].each do |i|
  next if i == 2
  p i
end
```

```
1
3
```

## COLUMN　sleepメソッド

［体験］で出てきた**sleepメソッド**はRubyが提供するメソッドです。引数で指定された秒数何もせずにプログラムを停止します。sleep 1で「1秒間何も実行せずに待機する」ことになります。sleep 1を入れずに無限ループを発生させると、コンピューターは超高速で処理をするので、Ctrl+Cを入力してもプログラムがなかなか停止してくれない事態になってしまうことがあります。注意が必要です。

## まとめ

- **条件によって繰り返し処理を実行する場合はwhile式を使う**
- **繰り返し処理を途中で中断する場合はbreakを使う**
- **繰り返し処理を途中で中断し、次の繰り返し処理に移りたい場合はnextを使う**

# 第5章 繰り返し処理する

## 4 その他の繰り返し処理を学ぼう

完成ファイル [05_04]

### 予習 その他の繰り返し処理の構文やメソッドを知ろう

これまでtimesメソッド、eachメソッド、while式を確認しました。
Rubyではこれら以外にもたくさんの繰り返し処理のための構文やメソッドがあります。その他の主な繰り返し処理用の構文やメソッドをまとめると以下の通りです。

| 構文・メソッド | 主な動作・用途 |
| --- | --- |
| until式 | while式に対して、条件式がtrueになるまで処理を繰り返す |
| for式 | 繰り返す配列やハッシュを代入して繰り返し処理の中で利用する |
| uptoメソッド | 指定した数値の範囲で1ずつ数を増やしながら処理を繰り返す |
| downtoメソッド | 指定した数値の範囲で1ずつ数を減らしながら処理を繰り返す |
| stepメソッド | 指定した数値の範囲で指定した数値の数を増やしながら処理を繰り返す |
| loopメソッド | 無限ループを実行する |

### COLUMN for式

for式（for文）はC言語やJavaはじめ、他の多くのプログラミング言語でも使われる繰り返しのための構文です。Rubyに使われているものはこれらのプログラミング言語とは構文は少々違いますが、プログラミングの重要ワードとして、forといえば繰り返しと覚えておきましょう。

## 体験 便利な繰り返し処理を実際に動かしてみよう

### 1 until式を使ったプログラムを保存する

テキストエディタを開いて右のプログラムを記述し①、ファイル名を「until.rb」として保存します。

>> **Tips**
ここではファイルを「C:¥Users¥Public¥Documents¥ruby¥05_04」に保存します。

```
a = 0
until(a > 10) do
  p a
  a += 1
end
```

### 2 保存したプログラムを実行する

コマンドライン上でファイルを保存したフォルダーに移動し、プログラムを実行します①。実行結果に「0」から「10」までの数値が表示されます。

>> **Tips**
while式の場合と比較しましょう。

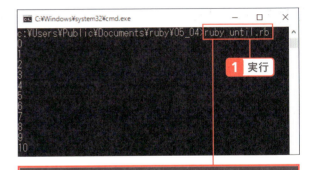

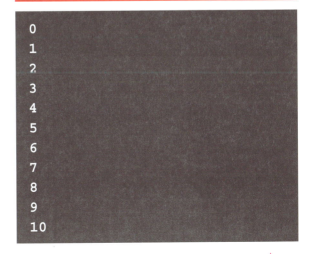

5-4 その他の繰り返し処理を学ぼう

### 3 for式を使ったプログラムを保存する

テキストエディタを開いて右のプログラムを記述し1、ファイル名を「for.rb」として保存します。

>>> **Tips**
ここではiは繰り返しの度に中身の変わる変数です。今まではブロック内に|i|の形式で記入していましたが、ここではforの直後に記入していることに注意しましょう。

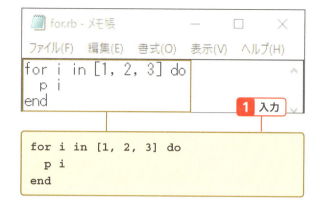

```
for i in [1, 2, 3] do
  p i
end
```

### 4 保存したプログラムを実行する

コマンドライン上でプログラムを指定して実行します1。実行結果に「1」から「3」までの数値が表示されます。配列の値に応じて処理を繰り返すことがわかります。

```
ruby for.rb
```

```
1
2
3
```

### 5 uptoメソッドを使ったプログラムを保存する

テキストエディタを開いて右のプログラムを記述し1、ファイル名を「upto.rb」として保存します。uptoでは最小値(1)と最大値(10)を指定しています。

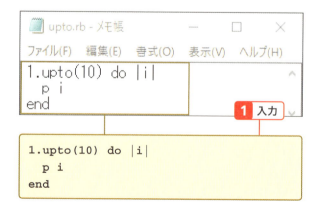

```
1.upto(10) do |i|
  p i
end
```

## 6 保存したプログラムを実行する

コマンドライン上でプログラムを指定して実行します❶。実行結果に「1」から「10」までの数値が表示されます。

> **Tips**
>
> uptoメソッドは引数（第6章参照）に小数も指定できます。
> 続いて紹介するdowntoメソッドも同様です。

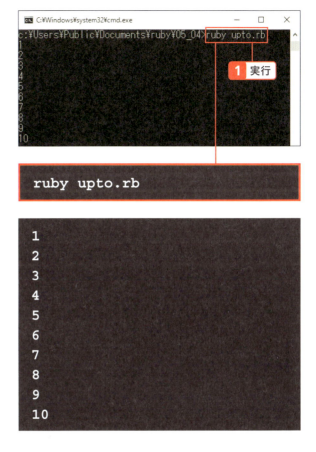

## 7 downtoメソッドを使ったプログラムを保存する

テキストエディタを開いて右のプログラムを記述し❶、ファイル名を「downto.rb」として保存します。❺と見比べて違いを確認しましょう。

```
10.downto(1) do |i|
  p i
end
```

5-4 その他の繰り返し処理を学ぼう 121

## 8 保存したプログラムを実行する

2を参考に実行します❶。実行結果に「10」から「1」までの数値が表示されます。

> **Tips**
> upto、downtoはともに開始値と終了値を指定して動作する点で似通ったメソッドです。

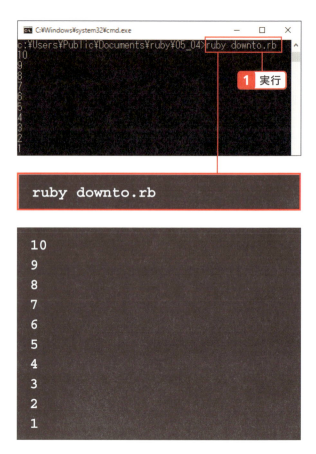

## 9 stepメソッドを使ったプログラムを保存する

テキストエディタを開いて以下のプログラムを記述し❶、ファイル名を「step.rb」として保存します。stepの後に続く引数(**第6章**参照)の「10」と「2」に注目しましょう。

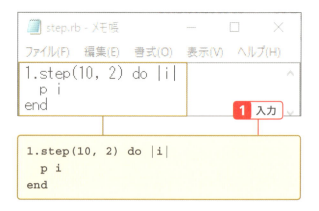

## 10 保存したプログラムを実行する

②を参考に実行します❶。実行結果に「1」から2ずつ加算した数である奇数が「9」まで順に表示されます。stepの引数の10まで、2つずつ進みます。

>> **Tips**

stepはメソッドの引数が多いという特徴はあるものの、開始値と終了値を指定するなどuptoやdowntoと近い部分もあります。こちらも引数に小数を用いて実行できます。

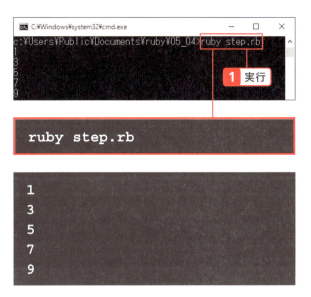

## 11 loopメソッドを使ったプログラムをirbで実行する

テキストエディタを開いて以下のプログラムを記述し❶、ファイル名を「loop.rb」として保存します。

5-4 その他の繰り返し処理を学ぼう

## 12 保存したプログラムを実行する

②を参考に実行します❶。実行結果に1秒おきに1が表示され続けます。実行しているプログラムは無限ループなので終了するためにCtrl+C（macOSではcontrol＋C）を入力します。

```
1
1
1
loop.rb:3:in `sleep': Interrupt
        from loop.rb:3:in `block in <main>'
        from loop.rb:1:in `loop'
        from loop.rb:1:in `<main>'
```

Ctrl＋Cで中止

**理解 それぞれの繰り返し処理の構文を学ぼう**

### >>> until式の構文

until式は、後に続く条件式がtrueになるまで処理を繰り返します。while式は条件式がfalseになるまで処理を繰り返すので、until式はその逆です。until式の書式をまとめると以下の通りです。

```
until（条件式） do
  処理 ── 条件式がfalseの間繰り返す
end
```

### >>> for式の構文

for式は、forを記述して繰り返したい処理の中で使う変数を定義し、inの後に配列やハッシュなど繰り返したいオブジェクトを記述します。繰り返したい処理をdo～endで囲みます。for式は、配列やハッシュの繰り返し処理で学んだeachメソッドと似ておりeachを使って書き換えることができます。

```
for 変数 in オブジェクト do
  処理 ── オブジェクトの要素分だけ繰り返す
end
```

```
# eachメソッドで書き換えた例
オブジェクト.each do |変数|
  処理
end
```

inの後に記述するオブジェクトがハッシュの場合は、forの後の変数を1つまたは2つ取ります。動作はeachの場合と同様です。変数が1つなら配列が返ります。

```
for 変数1, 変数2 in ハッシュ do
  処理 ── ハッシュの要素分だけ繰り返す
end
```

5-4 その他の繰り返し処理を学ぼう 125

```
# eachメソッドで書き換えた例
ハッシュ.each do |変数1，変数2|
    処理
end
```

### >>> upto、downto、stepメソッドの構文 ·····················

**upto メソッド**は、数値にドット (.) をつなげて使います。引数に指定した数値まで1ずつ数値を繰り上げながら処理を繰り返します。繰り返し処理のブロックには |変数| で現在の数値を渡せます。元の数値を上げていくので、引数に指定する数値が upto メソッドの先頭に記述した数値以上でないと繰り返し処理は実行されません。upto メソッドの書式をまとめると以下の通りです。

```
最小値.upto(最大値) do |変数|
    処理   ┤最小値から1ずつ数値を上げて最大値まで繰り返す│
end
```

**downto メソッド**も upto メソッドと構文はそっくりです。違うのは upto メソッドのように上げるのではなく、数値を下げる点です。downto メソッドでは、先頭に記述した数値が引数に指定する数値以上でないと繰り返し処理は実行されません。downto メソッドの書式をまとめると以下の通りです。

```
最大値.downto(最小値) do |変数|
    処理   ┤最大値から1ずつ数値を下げて最小値まで繰り返す│
end
```

**step メソッド**も upto メソッドと少し似ています。これらの違いは、step メソッドは引数を2つ取ることです。

1つ目の引数に目標値を指定します。この点は upto メソッドと同様です。2つ目の引数には、繰り返しのたびに変動する値を指定します。upto メソッドは繰り上げる数値は**1ずつ固定**ですが、step メソッドは**固定ではなく指定できる**のが特徴です。なお、変動値に負の数を指定すると、下げていくことになります。

step メソッドの書式をまとめると以下の通りです。

```
初期値.step(目標値，変動値) do |変数|
    処理   ┤初期値から変動値ずつ値を変動させて目的値まで繰り返す│
end
```

### ⨠⨠⨠ loopメソッドの構文

**loopメソッド**は、簡単に無限ループを記述することができます。loopの後に繰り返したい処理のブロックをdo〜endまたは{〜}で囲みます。loopはwhile(true)と同じように動きます。loopメソッドの書式をまとめると以下の通りです。

```
loop do
    処理    ← breakが呼ばれるまでループし続ける（無限ループ）
end
```

他の繰り返しで使った変数は使えません。

## まとめ

- while式と条件が逆の構文にuntil式がある
- 指定した数値から数値まで繰り返し処理を行うにはupto、downto、stepメソッドを使う
- 無限ループを簡単に実装するにはloopメソッドを使う

# 第5章 繰り返し処理する

## 5 複数の要素を処理しよう

完成ファイル | 📁 [05_05]

 予習 | **Enumerableモジュールを知ろう**

Rubyでは標準で組み込まれているメソッドはここまで紹介した他にもたくさんあります。配列やハッシュなどのオブジェクトには**Enumerableモジュール**によって便利なメソッドが提供されています。

**モジュール**とは、便利なメソッドを詰め込んだプログラムのひとかたまりのことです（第9章参照）。

**Enumerable**とは、英語で「数え上げることができる」という意味で、配列やハッシュなど、要素を順に処理できるオブジェクトにはあらかじめ組み込まれています。

Enumerableモジュールが提供するメソッドのうち本書では代表的な**mapメソッド**、**any?メソッド**、**selectメソッド**を紹介します。それぞれのメソッドの動作は以下の通りです。

| メソッド | 動作 |
| --- | --- |
| map | オブジェクトの各要素に処理を加えて新しい配列を返す |
| any? | オブジェクトの各要素の評価結果に1つでもtrueが含まれていればtrueを返す |
| select | オブジェクトの各要素から条件に一致するものを集めて新しい配列を返す |

Enumerableモジュール提供のメソッドは、最初は動作のイメージがわきづらいかもしれません。しかし、機能としては強力で、Rubyの大きな魅力の1つです。［体験］で実際に動かしてみて、その便利さを感じてください。

# 体験 Enumerableモジュールのメソッドを使ってみよう >>>

### 1 mapメソッドを使ったプログラムを保存する

テキストエディタを開いて以下のプログラムを記述し①、ファイル名を「map.rb」として保存します。変数arrayにmapを実行した結果を代入して後から表示しています。

>>> Tips
ここではファイルを「C:¥Users¥Public¥Documents¥ruby¥05_05」に保存します。

```
array = [1, 2, 3].map do |i|
  i * 2
end

p array
```

1 入力

### 2 保存したプログラムを実行する

コマンドライン上でファイルを保存したフォルダーに移動し、プログラムを指定して実行します①。実行結果に「[2, 4, 6]」が表示されます。配列を元に、新たに配列が生成されます。

```
ruby map.rb
```

```
[2, 4, 6]
```

### 3 any?メソッドを使ったプログラムを保存する

テキストエディタを開いて以下のプログラムを記述し①、ファイル名を「any.rb」として保存します。

```
p [false, false, true].any?

p [false, false, false].any?
```

1 入力

5-5 複数の要素を処理しよう　129

### 4 保存したプログラムを実行する

②を参考に実行します。実行結果に「true」、「false」が表示されます。

>>> Tips
[理解]を参考に配列を変更して試してみましょう。

### 5 selectメソッドを使ったプログラムを保存する

テキストエディタを開いて以下のプログラムを記述し ❶、ファイル名を「select.rb」として保存します。❶と同様に、変数arrayにselectを実行した結果を代入して後から表示しています。

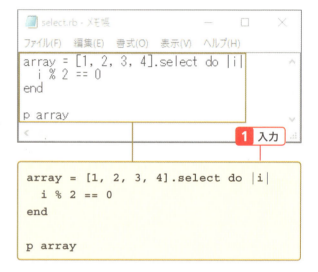

### 6 保存したプログラムを実行する

②を参考に実行します❶。実行結果に「[2, 4]」が表示されます。2で割り切れる数だけが配列になっています。

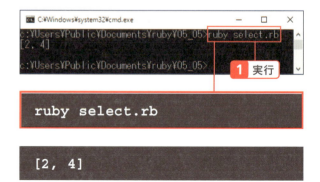

130 5 繰り返し処理する

##  理解 Enumerable モジュールのメソッドの動作を学ぼう

### >>> map メソッド

mapメソッドは、元の配列やハッシュなどのオブジェクトの1つ1つの要素に対して、同じ処理を繰り返した後、その処理の結果から新しい配列を返します。

オブジェクトにドット(.)でmapをつなげ、do～end または {～} のブロックに繰り返したい処理を記述します。ブロックの先頭に |変数| と記述することで元のオブジェクトの1つ1つの要素をブロックの中で使うことができます。

mapメソッドの書式をまとめると以下の通りです。

```
繰り返し可能なオブジェクト.map do |変数|
  処理
end
```

- 繰り返し可能なオブジェクト: Enumerableモジュールによってメソッドが提供されるオブジェクト
- |変数|: オブジェクトの各要素
- 処理: オブジェクトの要素分繰り返し

### >>> any? メソッド

any?メソッドは、trueまたはfalseで評価される条件式の配列の中に**1つでもtrueがあればtrue**を返します。**1つもtrueがなければfalse**を返します。つまり、**すべてfalseであればfalse**を返します。オブジェクトにドット(.)でany?をつなげて使います。

any?メソッドの書式をまとめると以下の通りです。ここでは配列を用いて表記しています。

```
繰り返し可能なオブジェクト.any?
```

- 繰り返し可能なオブジェクト: Enumerableモジュールによってメソッドが提供されるオブジェクト
- any?: trueが1つでもあればtrue、すべてfalseならfalse

---

**COLUMN　メソッド名のクエスチョンマーク**

Rubyのメソッドにおいて、any?メソッドのようにメソッド名の末尾にクエスチョンマーク(?)が付くものは、そのメソッドが真偽値(trueかfalse)を返すのが普通です。

5-5 複数の要素を処理しよう　131

## COLUMN any?メソッドの注意点

any?メソッドは[1,2,3]のような配列（オブジェクト）に対しても適用でき、この場合はtrueが返ってきます。Rubyで真偽（trueかfalse）の判定を行うとき数値や文字列はいずれもtrue扱いになるためです。また、[nil,false]のような配列に適用した場合はfalseが返ってきます。これは、Rubyにおいてはnilもいくつかの場面でfalseと同様に動作するためです。

```
[1,2,3].any? # true
[nil,false].any? # false
[].any? # 空の配列にany?メソッドを適用するとfalseが返る
{}.any? # 空のハッシュにany?メソッドを適用してもfalse
```

## ⟫⟫⟫ selectメソッド

**selectメソッド**は、配列などのオブジェクトの各要素のうち条件に一致したものだけをピックアップして新しい配列を返します。元のオブジェクトから条件に一致しないものを除外した配列を返す、ともいえます。

オブジェクトにドット (.) でselectをつなげ、do〜end または {〜} のブロックに条件式を記述します。mapメソッド同様、ブロックの先頭に | 変数 | と記述して元のオブジェクトの1つ1つの要素をブロックの中で使うことができます。

selectメソッドの書式をまとめると以下の通りです。

Enumerable モジュールによってメソッドの提供されるオブジェクト

繰り返し可能なオブジェクト.select do │変数│ ← オブジェクトの各要素
　処理 ← オブジェクトの要素分繰り返し
　...
　条件式 ← trueになる場合その要素を集めて新しいオブジェクトを返す
end

[体験] では条件式1つ (i % 2 == 0) だけを実行しています。

## COLUMN　map!メソッド、select!メソッド

map、selectメソッドには、エクスクラメーション (!) を末尾に付与した**map!**メソッド、**select!**メソッドがあります。処理は同じですが、元のオブジェクトを更新する違いがあります。
このようにRubyには、メソッド名の末尾に**!**を付与すると、元のオブジェクトを更新する動作をするものがあります。このようなメソッドは、**破壊的メソッド**と呼ばれます。破壊的メソッドは、元のオブジェクトを更新するため、処理の流れを順に追わないとわかりづらいので、利用する際には注意が必要です。
map!メソッドとselect!メソッドのサンプルコードは以下の通りです。

```
a = [1, 2, 3, 4]

a.map! { |i| i * 2 }
p a # [2, 4, 6, 8]が出力される

a.select! { |i| i % 4 == 0 }
p a # [4, 8]が出力される
```

## まとめ

- **Enumerable**モジュールの**map**メソッドは元の配列に同じ処理を繰り返して新しい配列を返す
- **Enumerable**モジュールの**any?**メソッドは条件式の配列に１つでも**true**があれば**true**、全て**false**であれば**false**を返す
- **Enumerable**モジュールの**select**メソッドは元の配列の要素のうち条件式に一致したものを集めて新しい配列を返す

# 第5章 練習問題

## ■問題1

次の文がそれぞれ正しいかどうかを○×で答えなさい。

① 5.times { |i| p i } を実行すると1から5までの数値が順に出力される
② [0, 1, 2].each { |i| p i } を実行すると2,1,0の順で数値が出力される
③ while式の条件にtrueを指定してもbreakを使えば無限ループになるとは限らない

## ■問題2

irb上で次のプログラムを実行すると何が表示されるか答えなさい。

```
10.step(1, -2) { |i| p i }
```

## ■問題3

1から100までの数のうち偶数を小さい順に表示するプログラムを完成させなさい。

```
1.upto(   ①   ) { |i| p i if i % 2 == 0 }

i = 1
loop do
    ②    if i > 100
  p i if i % 2 == 0
  i += 1
end
```

## ■問題4

文字列の配列の各要素の末尾に「.inc」を付与して新しい配列を返すプログラムを完成させなさい。

```
%w(apple google facebook).  ①   { |  ②  | c + '.inc' }
```

134　5　繰り返し処理する

# メソッドで処理する

6-1 メソッドへの理解を深めよう

6-2 メソッドの分類について学ぼう

6-3 メソッドを自作しよう

6-4 特殊な引数の処理を定義しよう

 第6章 練習問題

# 第6章 メソッドで処理する

## 1 メソッドへの理解を深めよう

完成ファイル | [06_01]

 **予習 メソッドの構成を知ろう**

これまでputsメソッドなどを通して、**メソッド**とは、Rubyの命令の1つであることを学びました（**1-4**の[理解]参照）。Rubyではオブジェクトを操作するための命令としてメソッドが定義されています。メソッドの基本的な特徴は、以下の2つです。

- メソッドの直後に何らかの値をとることができる（**引数**）
- メソッドの実行後に値を返すことができる（**戻り値**）

前者の「直後に決められた値」を**引数**と呼び（**2-1**参照）、後者の「実行後に返す値」を**戻り値**と呼びます。メソッドの中には、引数や戻り値がない場合もあります。引数がないメソッドの代表的な例に、文字列の文字数を戻り値として返す**sizeメソッド**があります。戻り値がないメソッドの代表的な例はputsメソッドです。

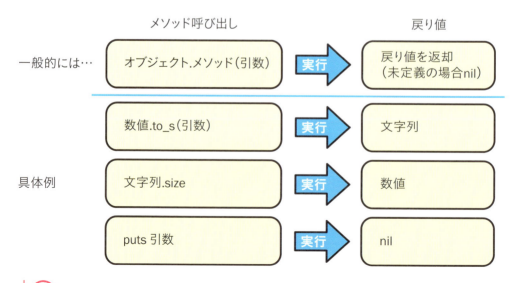

# 体験 メソッドの構成を意識して実行してみよう

### 1 メソッドに引数を指定して戻り値を確認するプログラムを保存する

テキストエディタを開いて以下のようなプログラムを記述し❶、ファイル名を「to_s.rb」として保存します。ここではオブジェクト1のto_sメソッドに引数2を与えて実行しています（メソッドの詳細は[理解]参照）。

>>> Tips
ここではファイルを「C:¥Users¥Public¥Documents¥ruby¥06_01」に保存します。

### 2 保存したプログラムを実行する

コマンドライン上でファイルを保存したフォルダーに移動し、プログラムを指定して実行します❶。実行結果に「"1"」が表示されます。メソッドによる命令の結果を変数に保存できました。

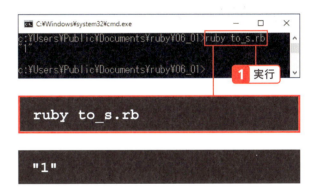

### 3 引数のないメソッドを実行するプログラムを保存する

テキストエディタを開いて以下のようなプログラムを記述し❶、ファイル名を「size.rb」として保存します。sizeは引数なしで使っています。

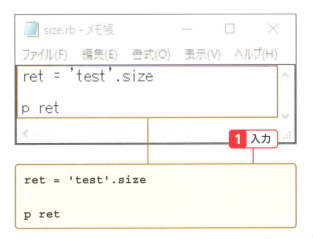

6-1 メソッドへの理解を深めよう　137

### 4 保存したプログラムを実行する

2を参考に実行します1。実行結果に「4」が表示されます。

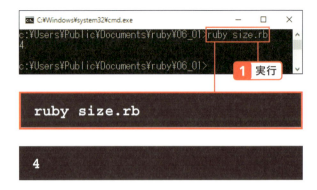

### 5 戻り値のないメソッドを実行するプログラムを保存する

テキストエディタを開いて以下のようなプログラムを記述し、ファイル名を「puts.rb」として保存します1。

### 6 保存したプログラムを実行する

2を参考に実行します1。実行結果に「1」、「nil」が表示されます。

## 理解 メソッドの引数と戻り値を意識しよう

### >>> メソッドの仕組み

メソッドはRubyプログラムで実際の処理を行うために欠かせない命令です。一般的には下記のように記述して使います（オブジェクトを省略できる例については6-2の[理解]参照）。

**オブジェクト.メソッド(引数)**

Rubyではメソッドの引数の指定方法が複数存在します。pメソッドを例に解説していきます。

```
# メソッドの後ろに()を入力し、その中に引数を入れる
p(1)
# メソッドと引数の間にスペースを入れる　この場合は()は省略できる
p 1
# メソッドに引数がない場合の入力例
p()
# ()を省略した例
p
```

メソッドによっては処理を実行した後に何らかのデータを返します。そのデータを変数に代入したり、引数として使ったりして利用します。このデータは戻り値（返り値）と呼ばれます。

```
bin = 1.to_s
```

### >>> to_sメソッド

数値にドットをつなげて使う**to_sメソッド**は、元の数値を文字列に変更したものを返します。引数で数字が何進数か示します。[体験]の1.to_s(2)の例では、1を2進数で文字列に変換するので"1"を返します。引数を省略した場合は10進数となります。

数値.to_s(引数) ➡ 文字列
　　　　　　　　　　　｜
　　　　　　　　　　戻り値

6-1 メソッドへの理解を深めよう　139

### >>> sizeメソッド

文字列にドットをつなげて使う **sizeメソッド** は、元の文字列の文字数がいくつかを戻り値として返します。体験の 'test'.size の例では、「test」という文字列の文字数が4なので4を返します。sizeメソッドは引数を取りません。

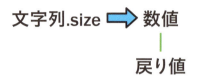

---

### COLUMN　pメソッド、putsメソッド、printメソッドの違い

画面に表示するメソッドにはp、putsの他に**print**があります。それぞれ微妙に違いがあります。pメソッドは、引数を表示して改行し、戻り値には表示した値が返ります。putsメソッドは、引数を表示して改行し、戻り値にはnilが返ります。printメソッドは、改行なしで引数を表示し、戻り値にはnilが返ります。いずれのメソッドも引数を省略することができます。

| メソッド | 動作 | 戻り値 |
| --- | --- | --- |
| p | 引数を表示して改行 | 表示した値 |
| puts | 引数を表示して改行 | nil |
| print | 改行せず引数を表示 | nil |

---

## まとめ

- メソッドは引数や戻り値をとることができる
- メソッドには引数をとらないものや戻り値がいつもnilのものがある
- メソッドの返すデータ（戻り値）はプログラム中で頻繁に利用される

# 第6章 メソッドで処理する

## 2 メソッドの分類について学ぼう

完成ファイル　[06_02]

### 予習 メソッドには分類があることを知ろう

メソッドには呼び出し方によって、より細かく分類できます。例えば、putsメソッドは先頭に何も指定せず、そのまま呼び出すことができます。一方、文字列のsizeメソッドは、先頭に文字列があり、その後ドットをつなげて呼び出します。このように呼び出し方に差異があります。以下は、メソッドの主な分類です。

| メソッドの分類 | 説明 |
| --- | --- |
| 関数型メソッド | オブジェクトを指定しないで呼び出すメソッド |
| インスタンスメソッド | オブジェクトから呼び出すメソッド |
| クラスメソッド | オブジェクトの型（クラス）から直接呼び出すメソッド |

### COLUMN メソッドの自作

これらのメソッドは自分で自由に定義できます。定義の方法については、**6-3**で解説しています。

## 体験 メソッドの分類ごとのプログラムを実行してみよう

### 1 関数型メソッドを使ったプログラムを保存する

テキストエディタを開いて右のプログラムを記述し ❶、ファイル名を「type_of_method1.rb」として保存します。

>>>Tips
ここではファイルを「C:¥Users¥Public¥Documents¥ruby¥06_02」に保存します。

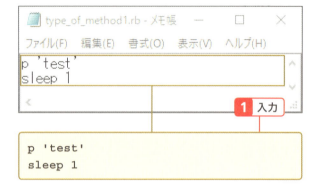

```
p 'test'
sleep 1
```

### 2 保存したプログラムを実行する

コマンドライン上でファイルを保存したフォルダーに移動し、プログラムを指定して実行します ❶。実行結果に「'test'」が表示され、1秒後にプログラムが終了します。

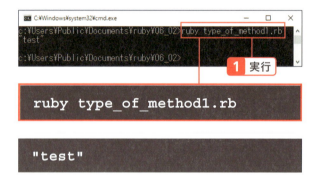

```
ruby type_of_method1.rb
```

```
"test"
```

### 3 インスタンスメソッドを使ったプログラムを保存する

テキストエディタを開いて右のプログラムを記述し ❶、ファイル名を「type_of_method2.rb」として保存します。

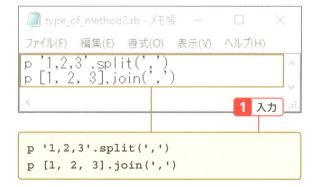

```
p '1,2,3'.split(',')
p [1, 2, 3].join(',')
```

### 4 保存したプログラムを実行する

②を参考に実行します❶。実行結果に「["1", "2", "3"]」「"1,2,3"」が表示されます。

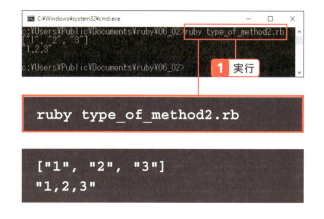

>> **Tips**

文字列の**split**メソッドは、元の文字列を指定した引数を区切り文字として分割し、新しい配列として返します。配列の**join**メソッドは、元の配列を指定した引数を区切り文字でつなげて、新しい文字列として返します。いずれのメソッドもインスタンスメソッドに分類されます。

### 5 クラスメソッドを使ったプログラムを保存する

テキストエディタを開いて右のプログラムを記述し❶、ファイル名を「type_of_method3.rb」として保存します。

>> **Tips**

Time（クラス）に続き、ドットにnowメソッドをつなげてTime.nowとして使うと実行した時点での日時を返します。Time.nowは、クラスメソッドの典型例です。

### 6 保存したプログラムを実行する

②を参考に実行します❶。実行結果に実行した日時が表示されます。

6-2 メソッドの分類について学ぼう 143

| 理解 | **メソッドの分類を学ぼう** | >>> |

## >>> 関数型メソッド

**関数型メソッド**とは、pメソッドやsleepメソッドのように、オブジェクトからドットでつなげて呼び出す必要のない、そのまま使えるメソッドです。実は関数型メソッドにもオブジェクト（Kernelモジュールを使うObjectオブジェクト）が存在していますが、「オブジェクト.」の部分を省略して使えるようにRubyが制御してくれています。

**メソッド（引数1，引数2，...）**

オブジェクト省略可能

## >>> インスタンスメソッド

**インスタンスメソッド**とは、to_sメソッドやsizeメソッドのように数値や文字列などのオブジェクト（インスタンス）からドットでつなげて呼び出すメソッドです。インスタンスメソッドは、オブジェクト.メソッド名(引数1, 引数2, ...)の形式で使用します。

**オブジェクト.メソッド（引数1，引数2，...）**

## >>> クラスメソッド

**クラスメソッド**とは、インスタンスのカテゴリー、ひな型であるクラス（**2-2**の[理解]参照）から直接呼び出すメソッドです（**7-4**の[理解]参照）。クラスメソッドは、クラス.メソッド名(引数1, 引数2, ...)の形式で使用します。

**クラス.メソッド（引数1，引数2，...）**

## >>> インスタンスメソッドの呼び出し方法

インスタンスメソッドの呼び出し方法には、以下の3つがあります。

- オブジェクトの直後にドット(.)を付与してメソッドを呼び出す
- ブロックを引数に指定してメソッドを呼び出す
- 演算子としてメソッドを呼び出す

「オブジェクトの直後にドット(.)を付与してメソッドを呼び出す」方法は、先ほども [体験] で使った**オブジェクト.メソッド(引数1, 引数2, ...)** の形式です。ハッシュのdeleteメソッドなども該当します。このオブジェクトのことを**レシーバー(Receiver)** と呼ぶこともあります。オブジェクトは、メソッドで定義された何かしらの処理の**受け手(レシーバー)** となるからです。

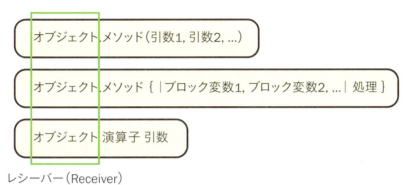

レシーバー(Receiver)

ブロックを引数に指定してメソッドを呼び出すには、**オブジェクト.メソッド { |変数| 処理 }** の形式で呼び出します。繰り返し処理のeachメソッドなどが該当します。なお、ブロックの先頭に渡す変数のことを**ブロック変数**と呼びます。

「演算子としてメソッドを呼び出す」方法は、**オブジェクト 演算子(メソッド) 引数**の形式です。数値計算で用いた + が該当します。これまで 1 + 2 などと計算するプログラムを確認しましたが、実はRubyでは + という演算子もメソッドとして定義されています。この計算式の場合は、1がレシーバー、+がメソッド、2が引数と解釈することができます。そのため、1+2 は 1.+(2) とも書けます。

## まとめ

- **メソッドの分類は、関数型メソッド、インスタンスメソッド、クラスメソッドの3つ**
- **関数型メソッドは、先頭に何も指定せずに呼び出すことができる**
- **インスタンスメソッドは、オブジェクトからドットをつなげて呼び出す**
- **クラスメソッドは、クラスからドットをつなげて呼び出す**

# 第6章 メソッドで処理する

## 3 メソッドを自作しよう

完成ファイル | [06_03]

 予習 **自作のメソッドを定義できることを知ろう**

Rubyでは、新しいメソッドを自分で定義できます。何度も実行する処理をメソッドとしてまとめて定義しておけば、メソッドを呼び出すことでプログラムの記述量を減らすことができます。

メソッドを定義するには、defという宣言を使います。メソッドを自作するときはメソッド自体の処理に加えて引数と戻り値についてもよく考える必要があります。

[体験]では、三角形の面積を求めるメソッドを定義します。1つ目の引数に底辺の長さを、2つ目の引数に高さを指定して呼び出すと、戻り値に三角形の面積を返します。

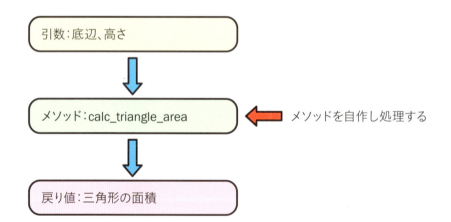

# 体験 自作のメソッドを定義して実際に使ってみよう >>>

## 1 自作メソッドを保存する

テキストエディタを開いて右のプログラムを記述し❶、ファイル名を「new_method1.rb」として保存します。三角形の面積を求める関数 calc_triable_area を定義しています。関数 calc_triangle_area が、底辺を表す引数 base と高さを表す引数 height をどう処理しているかに注目してください。

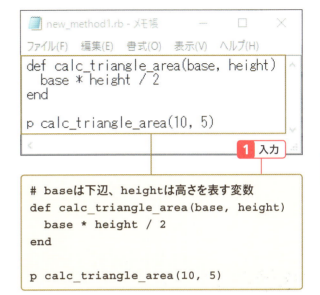

❶ 入力

>> **Tips**
ここではファイルを「C:¥Users¥Public¥Documents¥ruby¥06_03」に保存します。

>> **Tips**
メソッド内部で実行する処理はインデントを揃えるのが普通です。

## 2 保存したプログラムを実行する

コマンドライン上でファイルを保存したフォルダーに移動し、プログラムを指定して実行します❶。実行結果に「25」が表示されます。自作の関数 calc_triangle_area が利用でき、正しく動作していることが確認できます。

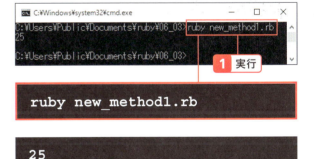

❶ 実行

>> **Tips**
この章では関数メソッドの定義を解説します。クラスメソッドやインスタンスメソッドにの定義ついては第7章を参照してください。

6-3 メソッドを自作しよう 147

### 3 メソッドの呼び出し方を変えたプログラムを保存する

テキストエディタを開いて右のプログラムを記述し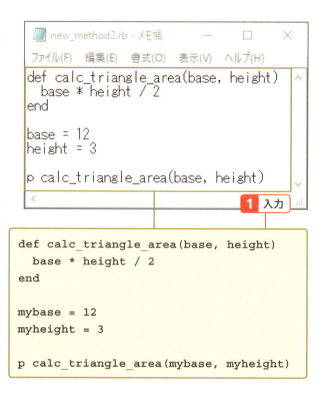、ファイル名を「new_method2.rb」として保存します。ここでは引数として変数を与えるように変更しているだけで、関数calc_triangle_area自体は変更を加えていません。

>>> **Tips**
日本語のメソッド名も定義することはできますが、変数名と同じく、あまり推奨はされません。

>>> **Tips**
base、heightと引数を指定して変数としてメソッド内で利用します。

```
def calc_triangle_area(base, height)
  base * height / 2
end

mybase = 12
myheight = 3

p calc_triangle_area(mybase, myheight)
```

### 4 保存したプログラムを実行する

コマンドライン上でプログラムを指定して実行します。実行結果に「18」が表示されます。こちらも正しく動作しています。

```
ruby new_method2.rb
```

```
18
```

## 5 定義する前にメソッドを呼び出すプログラムを保存する

テキストエディタを開いて右のプログラムを記述し❶、ファイル名を「new_method3.rb」として保存します。関数を定義する前に利用しています。

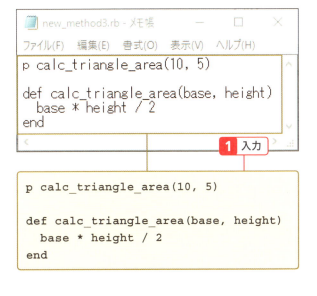

```
p calc_triangle_area(10, 5)

def calc_triangle_area(base, height)
  base * height / 2
end
```

## 6 保存したプログラムを実行する

コマンドライン上でプログラムを指定して実行します❶。実行結果にNoMethodErrorが表示されます。Rubyでは、関数は定義してからでないと使えません。

```
ruby new_method3.rb
```

```
new_method3.rb:1:in `<main>': undefined method `calc_
triangle_area' for main:Object (NoMethodError)
```

**理解 メソッド定義の書式と定義する順序を学ぼう** >>>

## >>> メソッドの書式

自作のメソッドを定義するには、def～endで囲み、その間に実行する処理を記述します。

```
def メソッド名(引数1, 引数2...)
    処理
end
```

defの後にスペース区切りでメソッドの名前を記述します。メソッド名には、半角英数小文字、アンダースコアや?、!などの半角記号が使えます。ドットやイコール、括弧など特殊な意味を持つ記号は使えません。メソッド名の後には、括弧で引数を囲みます。引数が複数ある場合はカンマ区切りで順番に記述します。引数を取らないメソッドは括弧を省略できます。メソッドの戻り値は、def～endで囲まれた最後の処理の評価結果です。return 戻り値を記述できます。returnは省略可能です。

## >>> メソッドの定義の順序

プログラムの順次処理の性質上、自作のメソッドを使うためには、定義した後に呼び出す必要があります。メソッドを定義する前に呼び出そうとするとNoMethodErrorが発生します。

```
順次処理

メソッド呼び出し ────────────→ 不可(NoMethodError発生)

def メソッド(引数1, 引数2, ...)
    処理
end ←──────── メソッド定義完了

メソッド呼び出し ────────────→ 可能
```

## まとめ

- 処理をまとめてメソッドを新たに定義することができる
- メソッドを定義するにはdefという宣言を用いる
- 自作のメソッドを使うには定義した後で呼び出す必要がある

第6章 メソッドで処理する

# 4 特殊な引数の処理を定義しよう

完成ファイル [06_04]

## 予習 メソッドの引数の様々な表現方法を知ろう

メソッド定義の引数の数と、メソッドを呼び出す際に渡す引数の数が一致しない場合、引数が足りないというエラーが発生します。このエラーを回避するために、引数の値が指定されていない場合は、メソッド側であらかじめ引数の値を定義することができます。このようにあらかじめ定義された引数の値のことを引数の**デフォルト値**と呼びます。

また、引数をハッシュ形式で渡し、メソッド側でも引数をハッシュ形式で定義することで、メソッド内でハッシュのキー名で変数として利用することができます。

さらに、メソッドに渡す引数の数が決まっていない場合、複数の引数を配列としてまとめてメソッドに渡すこともできます。この場合、メソッドを定義する場合に、引数にアスタリスク(*)を先頭に付けて引数を定義します。

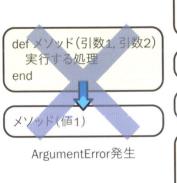

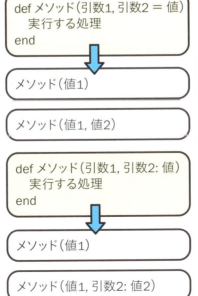

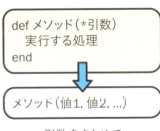

6-4 特殊な引数の処理を定義しよう 151

## 体験 特殊な引数のメソッドを定義して呼び出そう

### 1 消費税を計算するメソッドを定義する

テキストエディタを開きます。第1引数に金額を指定し、第2引数に消費税率を指定し、消費税額と消費税込み額をハッシュで戻り値として返却するメソッドを右のように定義し❶、メソッドを呼び出す処理を記述します❷。ファイル名を「special_arg1.rb」として保存します。

>>> **Tips**
ここではファイルを「C:¥Users¥Public¥Documents¥ruby¥06_04」に保存します。

>>> **Tips**
to_iは文字列や小数を整数に変換するメソッドです。

```
def calc_tax(price, tax_rate)
  tax = (price * tax_rate).to_i
  tax_included = price + tax
  { tax: tax, tax_included: tax_included }
end

p calc_tax(100, 0.08)
p calc_tax(100)
```

❶ 入力
❷ 入力

### 2 保存したプログラムを実行する

コマンドライン上でファイルを保存したフォルダーに移動し、プログラムを実行します❶。実行結果に「{:tax=>8, :tax_included=>108}」というハッシュが表示されます。また、その後、引数の数に誤りがあることを示すArgumentErrorが表示されます。

```
ruby special_arg.rb
```
❶ 実行

```
{:tax=>8, :tax_included=>108}
special_arg1.rb:1:in `calc_tax': wrong number of
arguments (given 1, expected 2) (ArgumentError)
        from special_arg1.rb:8:in `<main>'
```
エラーが表示される

152　6 メソッドで処理する

## ③ 消費税のデフォルト値を設定する

テキストエディタを開いて右のプログラムを記述し ①、ファイル名を「special_arg2.rb」として保存します。tax_rate = 0.08の部分で引数が代入されない場合に使う数値が記されています。

```ruby
def calc_tax(price, tax_rate = 0.08)
  tax = (price * tax_rate).to_i
  tax_included = price + tax
  { tax: tax, tax_included: tax_included }
end

p calc_tax(100, 0.1)
p calc_tax(100)
```

**① 入力**

## ④ 保存したプログラムを実行する

②を参考に実行します ①。実行結果に「{:tax=>10, :tax_included=>110}」と「{:tax=>8, :tax_included=>108}」というハッシュが表示されます。2番目のメソッド呼び出しに第2引数はありませんが、ArgumentErrorは発生しません。

**① 実行**

```
ruby special_arg2.rb
```

```
{:tax=>10, :tax_included=>110}
{:tax=>8, :tax_included=>108}
```

6-4 **特殊な引数の処理を定義しよう** 153

## ⑤ 消費税率をハッシュ形式に書き換える

テキストエディタを開いて右のプログラムを記述し❶、ファイル名を「special_arg3.rb」として保存します。

>>> **Tips**

引数を指定する場合の書き方に注目してください。

```
def calc_tax(price, tax_rate: 0.08)
  tax = (price * tax_rate).to_i
  tax_included = price + tax
  { tax: tax, tax_included: tax_included }
end

p calc_tax(100, tax_rate: 0.1)
p calc_tax(100)
```

## ⑥ 保存したプログラムを実行する

❷を参考に実行します❶。実行結果に「{:tax=>10, :tax_included=>110}」と「{:tax=>8, :tax_included=>108}」というハッシュが表示されます。キーと値の組み合わせでもデフォルト値を指定できました。

```
{:tax=>10, :tax_included=>110}
{:tax=>8, :tax_included=>108}
```

## 7 引数を全て渡すメソッドを定義する

テキストエディタを開いて右のプログラムを記述し❶、ファイル名を「special_arg4.rb」として保存します。アスタリスクを使っている*valuesが重要です。

```
def calc_tax(*values)
  price = values[0]
  tax_rate = values[1]
  tax = (price * tax_rate).to_i
  tax_included = price + tax
  { tax: tax, tax_included: tax_included }
end

p calc_tax(100, 0.08)
```

## 8 プログラムを実行する

❷を参考に実行します❶。実行結果に「{:tax=>8, :tax_included=>108}」というハッシュが表示されます。

>> Tips
引数を増やして試してみましょう。

```
ruby special_arg4.rb
```

```
{:tax=>8, :tax_included=>108}
```

6-4 特殊な引数の処理を定義しよう  155

## 理解 特殊な引数の定義とメソッドの呼び出し方を学ぼう

### >>> 引数のデフォルト値を代入する

メソッドの定義時に、引数のデフォルト値を代入する場合は、def メソッド名(引数 = デフォルト値)の形式で記述します。メソッドの呼び出し側では、引数を省略することができます。引数を省略した場合、デフォルト値がメソッド内では使われます。引数を省略せずに指定した場合は、デフォルト値ではなく、呼び出し元で指定した引数が変数に代入されます。

```
def メソッド(引数名 = デフォルト値)
    実行する処理
end
```

■引数を省略すると……

メソッド ← 引数にはデフォルト値が代入される

■引数を明示すると通常のメソッドと同じ

メソッド(1) ← 引数には1が代入される

### >>> 引数のデフォルト値をハッシュ形式で代入する

メソッドの定義時に、引数のデフォルト値をハッシュ形式で代入する場合は、def メソッド名(引数名: デフォルト値)の形式で記述します。メソッドの呼び出し側では、引数を省略することができます。

通常の代入方法と違うのは、メソッドの呼び出し側で、メソッドで定義したときと同様の形式で引数名と値をハッシュのような形式で指定する必要がある点です。つまりメソッド名(引数名: 値)のように呼び出し側も記述します。このように記述することで、メソッドの呼び出し側を見れば引数名が記述されているので、どんな値を指定しているのかが、わかるようになります。このような引数の指定方法をキーワード引数と呼びます。

■引数を省略すると……

メソッド ← 引数にはデフォルト値が代入

■引数を明示するときに引数名が必要

メソッド(引数名: 1) ← 引数には1が代入

### ≫≫ 引数を一括で配列として変数に代入する場合

メソッドの定義時に、引数を一括で配列として変数に代入するには、def メソッド名(*引数)の形式で記述します。なお通常の引数の指定の仕方と混在する def メソッド名(引数1, 引数2, *引数)のような記述もできます。この場合はメソッドの呼び出し側で、1番目に指定された値が引数1に、2番目に指定された値が引数2に、それ以降の引数が全て配列として*引数名に代入されます。メソッドの呼び出し側では、カンマ区切りでメソッドに引数として渡す値を指定します。

```
def メソッド(*引数名)
    実行する処理
end
```

■このメソッドの引数に[引数1, 引数2, 引数3]の配列を渡すと……

メソッド(引数1, 引数2, 引数3)

メソッドの引数として[引数1, 引数2, 引数3]の配列が代入される

### まとめ

- メソッドの引数には様々な形式でデフォルト値を指定できる
- メソッドに引数をまとめて渡すことができる

# 第6章 練習問題

## ■問題1

次の文がそれぞれ正しいかどうかを○×で答えなさい。

①Rubyのメソッドには引数を取らないものもある
②メソッドの定義に関わらず、メソッドを呼び出す引数はいくつでも指定できる
③キーワード引数を使うと、ハッシュのような形式でメソッドに引数を渡せる

## ■問題2

次のプログラム（割り勘計算のプログラム）を実行すると何が表示されるか答えなさい。

```ruby
def warikan(price, count = 2)
  warikan_price = price / count
  warikan_price += 1 unless price % count == 0
  otsuri = warikan_price * count - price
  [warikan_price, otsuri]
end

p warikan(5000)
p warikan(5000, 3)
```

## ■問題3

次のメソッドは、引数に指定した数値を全て足し上げます。プログラムを完成させなさい。

```ruby
def sum_all( ① )
  sum = 0
  numbers.each do |number|
    sum += number
  end
  ②
end
```

158　6　メソッドで処理する

# クラスで
# プログラムをまとめる

7-1　クラスとオブジェクトを理解しよう

7-2　クラスの書き方を学ぼう

7-3　クラスのメソッドの種類を学ぼう

7-4　クラスの変数を使ってみよう

7-5　クラス内のデータを読み書きしよう

7-6　クラスを継承しよう

第7章　練習問題

# 第7章 クラスでプログラムをまとめる

## 1 クラスとオブジェクトを理解しよう

完成ファイル [07_01]

 予習 クラスとオブジェクトの関係性を知ろう

**クラス**とは、オブジェクトの元になる設計図（ひな型）のようなものです。本章では、Rubyの世界で表現される、クラスについてより深く学びます。

Rubyでは取り扱う全てのデータがオブジェクトとして表現されています。また、オブジェクトには様々なメソッドがあらかじめ備わっています。

実はこれらのメソッドは、あらかじめクラスに定義されていたものをオブジェクトが使っています。

Rubyではオブジェクトの設計図となるクラスが定義されており、クラス1つ1つに名前が付けられています。例えば、1などの数値（整数）であれば、英語で「整数」という意味の**Integer**というクラスが用意されています。つまり、1というオブジェクトは、Integerクラスの実体（インスタンス）であるといえます。

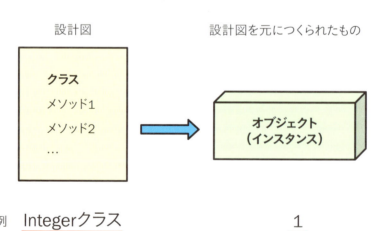

## 体験 これまで使ったオブジェクトのクラスを確認してみよう

### 1 クラスの名前を確認する

テキストエディタを開いて右のプログラムを記述し①、ファイル名を「class_of_object.rb」として保存します。

>> **Tips**
ここではファイルを「C:¥Users¥Public¥Documents¥ruby¥07_01」に保存します。

>> **Tips**
irbでもすぐに試せます。この手順を参考に試してみてもいいでしょう。

>> **Tips**
最後の行はpメソッドの後の引数を括弧で囲まないとSyntaxErrorになるので注意してください。

```
p 1.class
p 1.08.class
p 'a'.class
p [1, 2].class
p({a: 1}.class)
```

### 2 保存したプログラムを実行する

コマンドライン上でファイルを保存したフォルダーに移動して、プログラムを実行します①。実行結果に「Integer」「Float」「String」「Array」「Hash」が表示されます。これらが各オブジェクト（インスタンス）のクラスです。

>> **Tips**
バージョンの古いRuby（macOSにデフォルトで搭載されているものなど）の場合、「Integer」ではなく「Fixnum」が表示されます。

`ruby class_of_object.rb`

```
Integer
Float
String
Array
Hash
```

理解 **クラスを確認する方法をおさえよう**

### >>> インスタンスのクラスを確認するclassメソッド

**インスタンス**とは、クラスという設計図をもとに生成されたモノそのもの（オブジェクト）のことです。例えば、Integerクラスに属している1は、Integerクラスのインスタンスです。オブジェクトが属するクラスを確認するには、**classメソッド**を使います。

> オブジェクト.class

Rubyではプログラム中の多くの要素が、オブジェクトで形成され、それぞれクラスがあります。[体験]で解説した他のクラスも確認してみましょう。

| クラス名 | クラスの役割 | 例 |
| --- | --- | --- |
| Integer | 整数 | 10 |
| Float | 浮動小数点数 | 1.08 |
| String | 文字列 | "こんにちは" |
| Array | 配列 | [2, 3, 5] |
| Hash | ハッシュ（ハッシュテーブル） | {ruby: "ルビー", matz: "まっつ"} |
| Time | 日付時刻 | Time.now |
| NilClass | nilのためのクラス | nil |
| TrueClass | trueのためのクラス | true |
| FalseClass | falseのためのクラス | false |
| Fixnum（古いRuby） | 整数 | 10 |

### まとめ

- オブジェクトはクラスの実体となったものである
- classメソッドでインスタンスのクラスを確認できる

第7章 クラスでプログラムをまとめる

# 2 クラスの書き方を学ぼう

完成ファイル [07_02]

## 予習 独自にクラスを定義できることを知ろう

Rubyが用意する標準のクラスは、数値や文字列などデータの種類に関するもの、配列やハッシュなど複数のデータをまとめるものがあります。これらのクラスは、プログラミングによって処理を行うにあたり最低限の機能を提供しています。しかし、本格的なアプリを開発するにしたがって、あらかじめ用意されている標準のクラスだけでは処理を整理することがだんだん難しくなってきます。

このような場合、オリジナルの処理をする新しいクラスを定義してデータと処理を整理することができます。

ここでは、消費税額と税込み額を計算するオリジナルのクラスを定義します。このクラスは、「消費税に関連する一連の計算機である」という点から、英語で消費税を表すTaxと計算機を表すCalculatorをあわせてTaxCalcとします。計算を実行するメソッドは、英語で実行を表すexecuteとします。

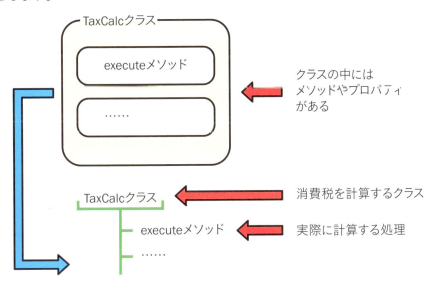

7-2 クラスの書き方を学ぼう

## 体験 消費税額と税込み額を計算するクラスを定義しよう

### 1 TaxCalcクラスを定義して呼び出すプログラムを保存する

テキストエディタを開いて右のプログラムを記述し 1 、ファイル名を「tax_calc.rb」として保存します。class〜endでクラスを作成し、TaxCalc.newでクラスからインスタンスを作成しています。クラス内ではメソッドも定義していることに注目してください。

>>> Tips
ここではファイルを「C:¥Users¥Public¥Documents¥ruby¥07_02」に保存します。

>>> Tips
クラスのメソッドや変数の分類は、本章で以後続けて行います。

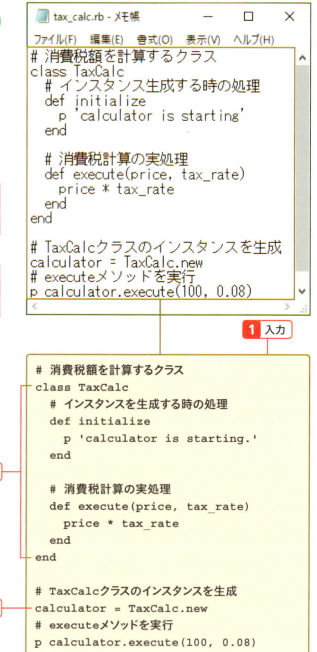

1 入力

```
# 消費税額を計算するクラス
class TaxCalc
  # インスタンスを生成する時の処理
  def initialize
    p 'calculator is starting.'
  end

  # 消費税計算の実処理
  def execute(price, tax_rate)
    price * tax_rate
  end
end

# TaxCalcクラスのインスタンスを生成
calculator = TaxCalc.new
# executeメソッドを実行
p calculator.execute(100, 0.08)
```

クラス定義

クラスの実体化

## 2 保存したプログラムを実行する

コマンドライン上でファイルを保存したフォルダーに移動し、プログラムを実行します❶。実行結果に「"calculator is starting."」という文字列と「8.0」という数値が表示されます。

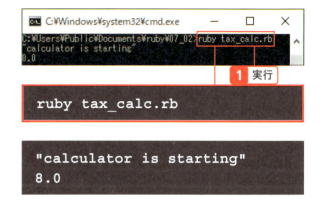

```
ruby tax_calc.rb
```

```
"calculator is starting"
8.0
```

>> Tips
IntegerとFloatの掛け算の戻り値はFloatとなるため、8.0が表示されます。

## COLUMN クラスとデータ型

クラスはここまでの章でデータ型と呼んできたものと同一です。Rubyではすべてのデータがオブジェクトであるため、必然的にすべてのデータはクラスに所属して分類できるようになります。

7-2 クラスの書き方を学ぼう | 165

## 理解 オリジナルのクラスを定義して使う方法をおさえよう

### ▶▶▶ クラスを定義する方法

クラスは、**class～end**ブロックで表現できます。クラスは大文字はじまりで命名するのがルールです。メソッドの構文は、**6-3**で触れているので、こちらを参照してください。

```
class クラス名        ← 先頭大文字のアルファベット
  def メソッド名     ← 小文字のアルファベット
    処理
  end
end
```

### ▶▶▶ 定義したクラスを使う方法

定義したクラスからインスタンスを生成するには、**newメソッド**を利用します。

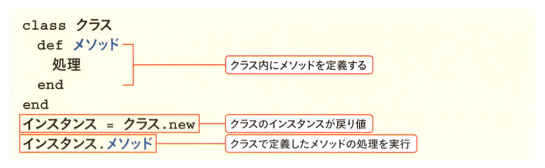

newメソッドが呼び出されると、クラスであらかじめ用意された**initialize**メソッドが実行されます。[体験]では文字列を表示しました。実際にはクラスで利用するデータ（変数）の準備などをここで行います。インスタンスが生成できたら、あとは**オブジェクト.メソッド**と記述することで、配下のメソッド（ここではexecuteメソッド）を呼び出せます。

## まとめ

- クラスを定義するには、**class**宣言を使う
- クラスを使うには、**new**を使ってインスタンスを生成する
- インスタンス生成の際の初期化処理は、**initialize**メソッドで表す
- クラス配下のメソッドは、「オブジェクト.メソッド」で呼び出せる

# 3 クラスのメソッドの種類を学ぼう

完成ファイル | [07_03]

  予習 クラスのメソッドを用途によって使い分けよう

クラスのメソッドには、アクセスする方法によって複数の種類があります。まず、クラスのインスタンスから、ドットをつなげて呼び出すことのできるメソッドです。これまで [体験] で確認してきた TaxCalc クラスの execute メソッドなどが該当します。execute メソッドは、TaxCalc クラスのインスタンス経由で、どこからでも呼び出せます。このようなメソッドのことを **publicメソッド**（パブリックメソッド）と呼びます。

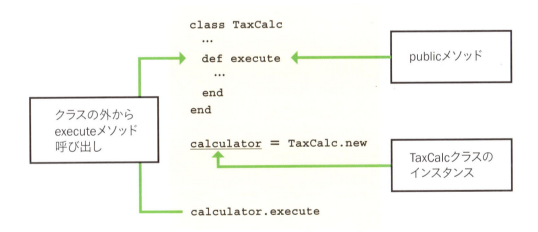

publicメソッドとは逆に、インスタンス経由では呼べず、クラス内部でのみ利用する処理をまとめるためのメソッドもあります。こちらは **privateメソッド**（プライベートメソッド）と呼びます。

### >>> privateメソッドは呼び出せない

privateメソッドはクラス外の処理からは、呼び出せません。

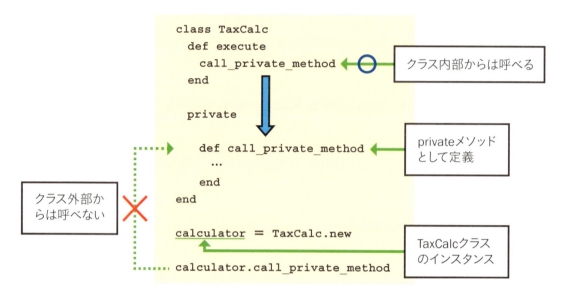

### COLUMN　protectedメソッド

Rubyにはpublic、privateに加えてprotectedメソッドが存在します。protectedはメソッドにアクセス可能（外部から利用可能）な範囲を限定するためのもので、その点ではprivateと似ています。protectedはクラス内や同一のモジュール（第9章参照）から利用できます。本書では基本的に利用しません。

## 体験 色々なクラスのメソッドを使ってみよう

### 1 様々なメソッドを呼び出すクラスを定義する

テキストエディタを開いて右のプログラムを記述し ①、ファイル名を「kind_of_methods.rb」として保存します。ここでは今までも使ってきた通常のインスタンスメソッド（パブリックメソッド）に加えて、クラスメソッド、プライベートメソッドを定義しています。

>> **Tips**

クラスメソッドで重要なのはselfの部分です。今回、self以外は通常のインスタンスメソッドとほぼ変わりません。

>> **Tips**

privateはdef～endや、class～endのようにendでブロックを終了するような書き方はしません。そのため、class内でprivateがある箇所以降のメソッドがすべてprivateになります。

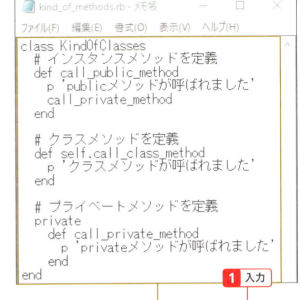

```
01:  class KindOfClasses
02:    # インスタンスメソッドを定義
03:    def call_public_method
04:      p 'publicメソッドが呼ばれました'
05:      call_private_method
06:    end
07:
08:    # クラスメソッドを定義
09:    def self.call_class_method
10:      p 'クラスメソッドが呼ばれました'
11:    end
12:
13:    # プライベートメソッドを定義
14:    private
15:      def call_private_method
16:        p 'privateメソッドが呼ばれました'
17:      end
18:  end
```

- インスタンスメソッド → 03:〜06:
- クラスメソッド → 09:〜11:
- プライベートメソッド → 14:〜17:

7-3 クラスのメソッドの種類を学ぼう　169

## 2 メソッドを呼び出す

続けて同ファイルの末尾にメソッドを呼び出す処理を記述します❶。クラスメソッドはインスタンスを生成せずにクラス.メソッドのかたちで利用できていることに注目してください。

```
# インスタンスメソッドを呼び出す
instance = KindOfClasses.new
instance.call_public_method
# クラスメソッドを呼び出す
KindOfClasses.call_class_method
# プライベートメソッドを呼び出す
instance.call_private_method
```

❶入力

```
19:  # インスタンスメソッドを呼び出す
20:  instance = KindOfClasses.new
21:  instance.call_public_method
22:  # クラスメソッドを呼び出す
23:  KindOfClasses.call_class_method
24:  # プライベートメソッドを呼び出す
25:  instance.call_private_method
```

プライベートメソッドでも使う

>>> Tips

クラスから生成したインスタンスのinstanceをpublicメソッドの呼び出しと、privateメソッドの呼び出し両方で使っていることに注意しましょう。

## 3 保存したプログラムを実行する

コマンドライン上でファイルを保存したフォルダーに移動し、プログラムを実行します❶。メッセージが表示されます。メッセージの2行目に書いてあるprivateメソッドに関する記述はpublicメソッド内（❶の5行目を参照）から呼び出していることに注意してください。最後のエラーで、クラス外からのprivateメソッドの呼び出しに失敗していることがわかります。

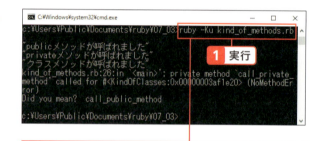

`ruby -Ku kind_of_methods.rb`

❶実行

エラーが表示される

```
"publicメソッドが呼ばれました"
"privateメソッドが呼ばれました"
"クラスメソッドが呼ばれました"
kind_of_methods.rb:26:in `<main>': private method `call
_private_method' called for #<KindOfClasses:0x00000003a
f1e20> (NoMethodError)
```

# 理解 メソッドの種類をおさえよう

## >>> パブリックメソッドとプライベートメソッド

**パブリックメソッド**とは、クラスの外からアクセスできるメソッドです。classブロックの配下にそのままdef〜endでメソッドを定義すると、パブリックメソッドとなります。

一方、クラスの中からしかアクセスできないメソッドを**プライベートメソッド**といいます。クラスの外にclassブロックの配下でprivateというラベルを記述すると、それ以降のメソッドはすべてプライベートメソッドとなります。クラス内での処理にしか使わず、公開する必要のないメソッドはプライベートメソッドにします。

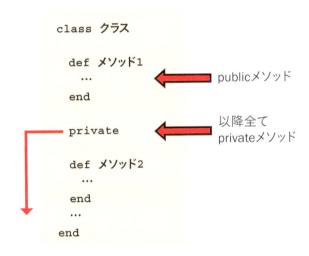

プライベートメソッドをクラスの外から呼び出した場合、[体験]の❸でも見たようにNoMethodError（メソッドが見つかりませんというエラー）が発生します。

## >>> クラスメソッド

**クラスメソッド**は、（インスタンス経由でなく）「クラス.メソッド」の形式で呼び出せます。**def self.メソッド名**のように、selfキーワードを付けて定義します。

別の記法として、class << self～endと囲まれた部分に、メソッド定義を書いても構いません。この場合、「self.」は不要です。

```
class クラス

    def self.メソッド1
        ...
    end

    class << self
        def メソッド2
            ...
        end
    end
end
```

下記のようにメソッドを呼び出します。

```
クラス.メソッド1
```

```
クラス.メソッド2
```

## まとめ

- パブリックメソッドは、クラスのインスタンスから呼び出せる
- プライベートメソッドは、クラス内部からのみ呼び出せる
- クラスメソッドは、インスタンスを生成せずに呼び出せる

第7章 クラスでプログラムをまとめる

# 4 クラスの変数を使ってみよう

完成ファイル | [07_04]

## 予習 クラスやインスタンスでデータを記憶させよう

クラスは、データと処理のまとまりを表現します。処理のまとまりは、クラスに定義するメソッドで表現できます。一方、データを**特定の範囲で共有したい場合**があります。
例えば、クラスのインスタンスの範囲に限ってデータを共有する、逆に、インスタンスを超えてデータを共有するといった具合の区別です。例えば消費税を計算するクラスを定義する場合、消費税率はめったに変わらないので、インスタンスを越えて共有できるようにしようといった使い方が考えられます。
データを共有する範囲によって、クラスで定義できる変数には以下のような特徴があります。

| クラスで定義可能な変数の種類 | データを共有する範囲 | 共有範囲の広さ | 変更を前提とするか |
| --- | --- | --- | --- |
| インスタンス変数 | 同一インスタンスのみ | 小 | 変更前提 |
| クラス変数 | クラスとすべてのインスタンス | 中 | 変更前提 |
| 定数 | クラスの外からでも参照可能 | 大 | 変更されない前提 |

クラス内では、定数は利用できますが、今まで使ってきた変数（ローカル変数）は使えないことに注意しましょう。

### COLUMN 定数

Rubyでは再代入しない、一度代入したら内容を変更できない変数のことを定数と呼びます。定数は英字はすべて大文字で記述するルールがある点と、先述の特徴以外は通常の変数と変わりません。

7-4 クラスの変数を使ってみよう 173

## 体験 クラスに色々な変数を定義して使ってみよう

### 1 TaxCalcクラスをインスタンス変数を使って記述する

テキストエディタを開いて右のプログラムを記述し①、ファイル名を「tax_calc1.rb」として保存します。ここでは、インスタンス変数を作成しています。変数名の最初に@を付けるルールと、初期化処理（クラスからインスタンスを生成するときに行う処理）に注意しましょう。

>> **Tips**
インスタンス変数は各インスタンスごとに異なります。

>> **Tips**
クラス内の関数では今までと同じ通常の変数が使えます。しかし、クラス直下では定数、インスタンス変数、クラス変数しか使えません。

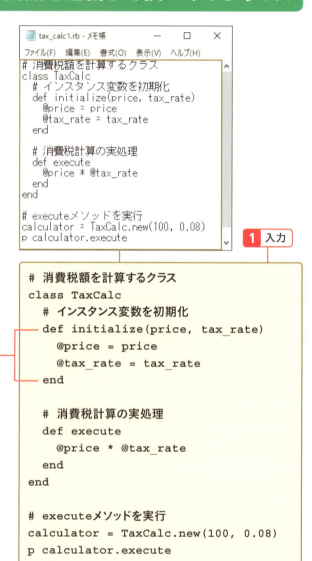

変数の初期化処理

```ruby
# 消費税額を計算するクラス
class TaxCalc
  # インスタンス変数を初期化
  def initialize(price, tax_rate)
    @price = price
    @tax_rate = tax_rate
  end

  # 消費税計算の実処理
  def execute
    @price * @tax_rate
  end
end

# executeメソッドを実行
calculator = TaxCalc.new(100, 0.08)
p calculator.execute
```

### 2 プログラムを実行する

コマンドライン上でファイルのあるフォルダーに移動し、プログラムを実行します①。実行結果に「8.0」が表示されます。

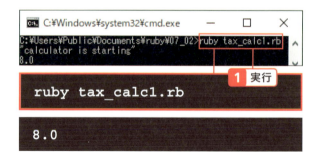

## 3 TaxCalcクラスをクラス変数を使って書き換える

テキストエディタを開いて右のプログラムを記述し❶、ファイル名を「tax_calc2.rb」として保存します。クラス変数は、変数名の最初に@@を付けるルールに注意しましょう。初期化処理は必要ありません。

> **>>> Tips**
>
> インスタンスごとに値を変えられるインスタンス変数は、インスタンス生成時に値を入れる初期化処理を行うことがほとんどです。対して、どのインスタンスでも共通の値を持つクラス変数は生成ごとに初期化処理を行う必要はありません。

```ruby
# 消費税額を計算するクラス
class TaxCalc
  # クラス変数を宣言
  @@tax_rate = 0.08

  # インスタンス変数を初期化
  def initialize(price)
    @price = price
  end

  # 消費税計算の実処理
  def execute
    @price * @@tax_rate
  end
end

# executeメソッドを実行
calculator = TaxCalc.new(100)
p calculator.execute
```

❶ 入力

クラス変数は初期化の必要がない

## 4 保存したプログラムを実行する

❷を参考に実行します❶。実行結果に「8.0」が表示されます。

7-4 クラスの変数を使ってみよう

# クラスで定義できる変数の種類をおさえよう

## インスタンス変数

**インスタンス変数**は、個々のインスタンス単位に用意される変数です。**@変数名**の形式で宣言します。インスタンス変数は、クラスから生み出されるインスタンスごとに異なるものです。そのためクラスからインスタンスを生成するときに実際に値を代入することが多くなります。

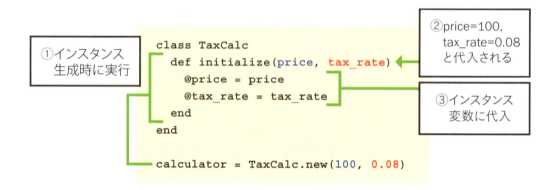

## クラス変数

**クラス変数**は、クラスとそのインスタンス全てで使用できる変数です。**@@変数名**（アットマーク2個）で表現します。
インスタンス変数とは違って、あるインスタンスでクラス変数を変更した場合、その変更は同一のクラスの他のインスタンスにも影響します。

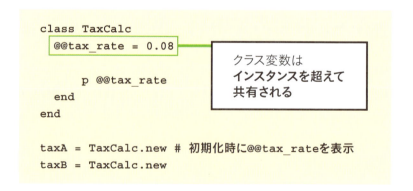

### >>> クラス内の変数

同名であってもインスタンス変数、クラス変数、メソッド配下で定義された変数（たとえば@price、@@price、price）はすべて異なるものです。注意してください。
定数、インスタンス変数、クラス変数の定義をそれぞれ確認しましょう。

```
class クラス名
  # 定数
  定数名 = ...  # 定数はすべて大文字にする

  # インスタンス変数
  # インスタンス変数はオブジェクトごとに異なるので変更できるようにする
  def initialize(引数)
    @インスタンス変数名 = 引数
  end

  # クラス変数
  @@クラス変数名 = ...
end
```

### 💬COLUMN　TaxCalcクラスを定数を使って書き換える

[体験]の❸では、クラス変数を用いて消費税率を定義しました。しかし、消費税率をコード内で変更しないならば、定数として定義できます。以下は、書き換えた例です。

```
class TaxCalc
  TAX_RATE = 0.08
  ...中略...
  def execute
    @price * TAX_RATE
  end
end
```

7-4　クラスの変数を使ってみよう　177

## COLUMN クラス内の定数を外部から参照する

クラスに定義された定数は、クラス外部からも参照することができます。先程のTaxCalcクラスを例にすると、定数であるTAX_RATEを外部から参照する場合、TaxCalc::TAX_RATEと記述します。

```
class TaxCalc
  TAX_RATE = 0.08
end

p TaxCalc::TAX_RATE # 0.08
```

## まとめ

- クラスで定義できる変数には、インスタンス変数・クラス変数・定数がある
- インスタンス変数は、インスタンスごとに独立している
- クラス変数は、同一クラスの全てのインスタンスで共通している
- 定数は、後から変更する必要のない値を定義するために使う

第7章 クラスでプログラムをまとめる

# 5 クラス内のデータを読み書きしよう

完成ファイル [07_05]

## 予習 インスタンス特有のデータを外部から読み書きしよう

インスタンス変数やクラス変数などに代入されたデータは、インスタンスの中からしかアクセスできません。インスタンスの外側からこれらの変数を操作したい場面もあります。
例えば、インスタンス生成時に初期値として与えた消費税率を、インスタンス生成した後に参照したり変更したりすることがあるかもしれません。
このような場面で、簡単にインスタンス変数に外部からアクセスするための仕組みとして、**アクセサメソッド**が用意されています。

■インスタンス（クラス）内の変数はそのままでは利用できない

■インスタンス（クラス）内の変数への道をつくる

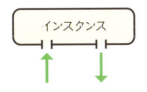

[体験]では、健康診断を行うMedicalExaminatorクラスを定義して使う過程を通して、アクセサメソッドによってインスタンスに属するデータがどのようにアクセスできるのかを確認します。

7-5 クラス内のデータを読み書きしよう 179

## 体験 健康診断を行うクラスをアクセスメソッドを使って実装しよう ▶▶▶

### 1 インスタンス変数に外部からデータを指定する

テキストエディタを開いて右のプログラムを記述し **1**、ファイル名を「medical_examiner1.rb」として保存します。

>>> Tips

ここではファイルを「C:¥Users¥Public¥Documents¥ruby¥07_05」に保存します。

```
class MedicalExaminator
  # インスタンス変数heightを設定
  def height=(height)
    @height = height
  end

  # インスタンス変数heightを取得
  def height
    @height
  end
end

examinator = MedicalExaminator.new
examinator.height = 170
p examinator.height
```

**1** 入力

```
class MedicalExaminator
  # インスタンス変数heightを設定
  def height=(height)
    @height = height
  end

  # インスタンス変数heightを取得
  def height
    @height
  end
end

examinator = MedicalExaminator.new
examinator.height = 170
p examinator.height
```

インスタンス変数の設定と取得を別々に行う。

## 2 保存したプログラムを実行する

コマンドライン上でファイルを保存したフォルダーに移動し、プログラムを実行します❶。実行結果に「170」が表示されます。インスタンス変数にアクセスできていることがわかります。

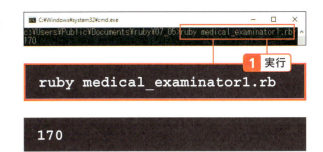

## 3 attr_accessorを使ったプログラムを保存する

テキストエディタを開いて右のプログラムを記述し❶、ファイル名を「medical_examinator2.rb」として保存します。ここではattr_accessorを利用している部分に注目してください。これによってインスタンス変数にアクセス可能になります。

```
class MedicalExaminator
  # インスタンス変数heightへのアクセスを可能に
  attr_accessor :height
end

examinator = MedicalExaminator.new
examinator.height = 170
p examinator.height
```

## 4 保存したプログラムを実行する

保存したプログラムをコマンドライン上で実行します❶。実行結果に「170」が表示されます。インスタンス変数にアクセスできていることがわかります。

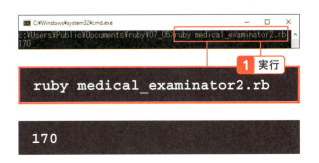

## 理解　アクセサメソッドを学ぼう

### >>> インスタンス変数を参照／設定する

インスタンス変数は、そのままではクラス内部からしかアクセスできません。クラスの外からアクセスするには、参照／設定のためのメソッドを準備します。
［体験］❶の例であれば、height=が設定用のメソッド、heightが参照用のメソッドです。

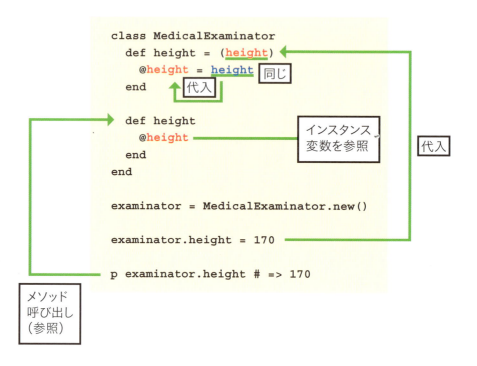

### >>> インスタンス変数を簡単に公開する

単なる変数の取得・設定だけであれば、attr_～メソッドを利用することで、より簡単にインスタンス変数を外部に公開できます。［体験］の「attr_accessor :height」は、height=／heightメソッドを定義したのと同じ動作になります。
もしもインスタンス変数を読み取り専用にしたい場合には、代わりにattr_readerを、書き込み専用にしたい場合にはattr_writerを、それぞれ利用してください。

## COLUMN ゲッター／セッター

Javaなど別のプログラミング言語において、attr_readerのようにインスタンス変数を読み込むためのメソッドのことを、**ゲッター (getter)** と呼びます。一方、attr_writerのようにインスタンス変数に値を代入するメソッドのことを、**セッター (setter)** と呼びます。

体験でも確認した通りですが、Rubyではゲッターやセッターをアクセサメソッドを用いて短い記述量で表現することができます。

## まとめ

- インスタンス変数をクラス外部に公開するには、変数を取得／設定するためのメソッドを準備する
- インスタンス変数を単純に読み書きするだけであれば、**attr_~**メソッドを利用するのが便利

第 7 章 クラスでプログラムをまとめる

# 6 クラスを継承しよう

完成ファイル　[07_06]

 **予習** 元のクラスを受け継いだ新たなクラスを定義しよう >>>

クラスは、様々なデータの集まりを分類し、それらのデータに特化した便利なメソッドを提供してくれる存在といえます。クラスの**継承**を使うと、類似のデータに共通するメソッドをまとめることができます。

例えば、動物というクラスを親クラス（元のクラス）とし、犬というクラスと人というクラスを子クラス（受け継ぐクラス）と定義します（[理解]参照）。「寝る」という振る舞い（メソッド）は犬も人も共通の動作なので動物クラスに定義します。一方で、「尻尾を振る」のは犬特有の行為なので動物クラスに定義せず犬クラスに定義します。「歌を歌う」のは人特有の行為なので動物クラスに定義せず人クラスに定義します。このようにクラスの継承を使うと振る舞い（メソッド）を適切に整理整頓することができます。

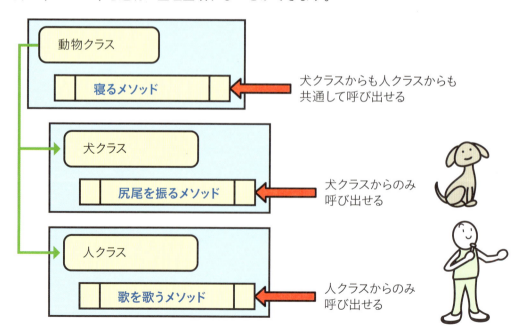

# 体験 クラスを継承を使って記述しよう

## 1 元となるクラスを作成する

テキストエディタを開いて右のプログラムを記述し**1**、Animalクラスをつくります。ファイル名を「inherit_class.rb」として保存します。

>> **Tips**
ここではファイルを「C:¥Users¥Public¥Documents¥ruby¥07_06」に保存します。

```
# sleepメソッドを持つAnimalクラスを定義
class Animal
  def initialize(type)
    @type = type
  end

  def sleep
    p "#{@type} is sleeping."
  end
end
```

**1** 入力

---

## COLUMN オブジェクト指向言語の技法

継承はオブジェクト指向プログラミング言語では一般的に備わっている構文（機能）です。Ruby以外のオブジェクト指向プログラミング言語にも、多くの場合継承は存在します。プログラミング言語ごとにこれらの機能の子細な点は異なりますが、Rubyで学んだ知識が他のプログラミング言語でも活用できることを覚えておきましょう。

7-6 クラスを継承しよう 185

## 2 クラスを継承させる

続いて同じファイルにAnimalクラスを継承したDogクラスを定義します。右のコードを記述し保存します **1**。「class Dog < Animal」の部分でクラスの継承を行っています。

>>> **Tips**

ここで使っているpの表記については 2-1 の［理解］を参照してください。

```
# Animalクラスを継承したDogクラスを定義
class Dog < Animal
  def shake_tail
    p "#{@type} is shaking the tail."
  end
end

dog = Dog.new('Dog')
dog.sleep
dog.shake_tail
```

**1** 入力

## 3 保存したプログラムを実行する

保存したプログラムをコマンドライン上で実行します **1**。実行結果に右のメッセージが表示されます。DogクラスのインスタンスがAnimalsクラスのメソッドを使っています。継承できました。

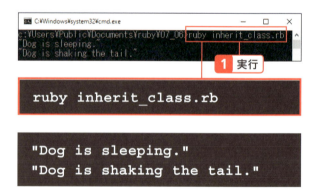

**1** 実行

```
ruby inherit_class.rb
```

```
"Dog is sleeping."
"Dog is shaking the tail."
```

**理解 クラスを継承する場合の書き方を確認しよう**

## >>> クラスを継承する書き方

あるクラスを継承して新しいクラスを定義するには、クラス名の後ろに<継承するクラスと記述します。[体験]の❷では、Animalクラスを継承したDogクラスを定義しています。
継承元のクラスを親クラス、スーパークラスと呼びます。対して継承したクラスを子クラス、またはサブクラスと呼びます。

```
class 子クラス < 親クラス
    ...
end
```

## >>> メソッドの探索

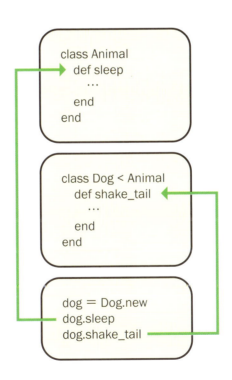

子クラスのインスタンスからは、親クラスのメソッドも利用できます。[体験]の例であれば、DogオブジェクトからもAnimalクラスのsleepメソッドを呼び出せます。
インスタンス生成に利用されるinitializeメソッドも同じです。Dogクラスをインスタンス化する際には、Animalで定義されたinitializeメソッドが呼び出されます。

### ❯❯❯ すべてのクラスはBasicObjectクラスを継承

あるクラスを継承したクラスを、また別のクラスが継承することもできます。Rubyで提供されている標準のクラス群もまた、基本的にいくつもの継承関係でできています。

### ❯❯❯ 標準クラスの継承関係

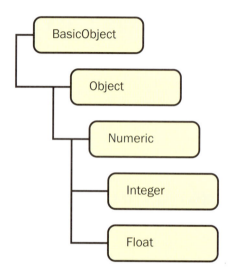

すべてのクラスは**BasicObjectクラス**を継承しています。図の例であれば、Integer（整数）クラスは親としてNumericクラスを持っており、Numericクラスは更に親としてObjectクラスを持ちます。そして、最上位の親クラスとしてBasicObjectがあります。

## まとめ

- クラスを継承するには「class クラス名 < 親クラス名」とする
- クラスを継承すると、子クラスのインスタンスから親クラスのメソッドを呼び出せる

## 第7章 練習問題

### ■問題1

次の文がそれぞれ正しいかどうかを○×で答えなさい。

①Integerクラスと FloatクラスはいずれもNumericクラスを継承している
②クラス内でインスタンス変数にアクセスするには**@@変数名**とする
③クラス内でprivateメソッドを定義するにはprivateと記述した後に、メソッドを定義する
④クラス内でattr_readerを定義するとインスタンス変数に書き込みが可能となる

### ■問題2

次のプログラムを実行すると何が表示されるか答えなさい。

```ruby
# 割り勘の金額と余る金額を計算するプログラム
class WarikanCalculator
  attr_accessor :price, :count

  def warikan_price
    result = @price / @count
    result += 1 unless price % count == 0
    result
  end

  def otsuri
    warikan_price * @count - @price
  end

  def to_h
    { warikan_price: warikan_price, otsuri: otsuri }
  end
end

calculator = WarikanCalculator.new
calculator.price = 5000
```

```ruby
calculator.count = 3

p calculator.to_h
```

## ■問題3

次のプログラムは、消費税額を計算するクラスである。実行結果は8.0となる。プログラムを埋めて完成させなさい。

```ruby
class TaxCalcBase
  TAX_RATE = 0.08

  attr_accessor    ①
end

class TaxCalc    ②    TaxCalcBase
  def execute
    price * TAX_RATE
  end
end

calculater = TaxCalc.new
calculater.price =    ③

p calculater.execute
```

# エラー処理と例外を<br>プログラミングする

- 8-1 　色々な例外を確認しよう
- 8-2 　発生した例外をつかまえよう
- 8-3 　例外を発生させよう

 　第8章　練習問題

## 第 8 章 エラー処理と例外をプログラミングする

# 1 色々な例外を確認しよう

完成ファイル [08_01]

### 予習 プログラムを実行中に遭遇する例外を知ろう

プログラムを記述して呼び出した結果、エラーに遭遇する場合があります。このエラーのことを**例外**と呼びます。例えば、誤ってオブジェクトに存在しないメソッドを実行した場合に発生するNoMethodErrorなども例外の1つです。

遭遇する例外にはさまざまな種類があります。例外が発生するとプログラムがそこで終了します。さらにエラーメッセージが英語で表示されます。英語が苦手な場合には戸惑うこともあるかもしれません。しかし慌てずに例外が発生した箇所と例外の種類、エラーメッセージをきちんと読めば原因を探ることができます。

ここでは、例外を意図的に発生させ、例外の読み方を確認します。

 とは
- プログラム中で発生するエラー、そのままでは実行停止
  - オブジェクトに存在しないメソッドの利用
  - 括弧の閉じ忘れなど構文ミス
- 例外は発生時に情報を残す

プログラマーは例外発生に備えてプログラミングしたり、例外発生時の情報から原因を判断したりする

## 例を意図的に発生させてみよう

### 1 TypeError（データ型エラー）を発生させるプログラムを保存する

テキストエディタを開いて以下のようなプログラムを記述し❶、ファイル名を「kind_of_error.rb」として保存します。

>> Tips

ここではファイルを「C:¥Users¥Public¥Documents¥ruby¥08_01」に保存します。

### 2 保存したプログラムを実行する

コマンドライン上でプログラムを指定して実行します❶。実行結果にTypeErrorが表示されます。エラーが発生しました。

```
kind_of_error2.rb:1:in `to_s': no implicit conversion of String into Integer (TypeError)
	from kind_of_error2.rb:1:in `<main>'
```

### COLUMN 例外が発生するとどうなるか

例外が発生すると、正しく処理しない限り、そこでプログラムの実行が止まってしまいます。以後のプログラムは実行できません。例外処理については、8-2を参照してください。

## 理解 例外の読み方と種類について学ぼう

### >>> 例外の基本的な読み方

プログラム中にエラー（問題）が起きることを、**例外**が発生したといいます。例外が発生すると、以下のような情報を表示した後、後続の処理は中断されます。

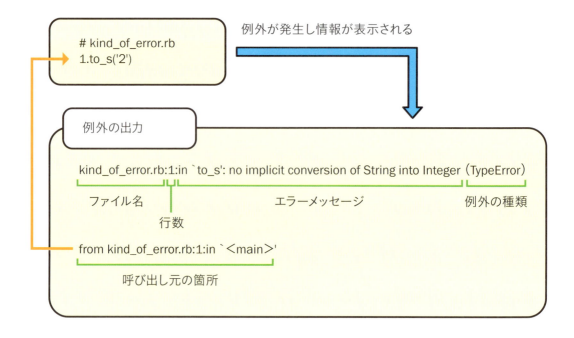

例えば上の例であれば、数字を文字列に変換することはできないという意味のメッセージです。本来は引数を指定すべきところに、文字列を指定してしまっているために問題が起きてしまっています。ここでは解決策として、引数の文字列'2'を2に変えれば問題はなくなります。

例外メッセージは英語なのでとっつきにくくもありますが、プログラムの問題を修正するための重要な情報なので、まずは内容をきちんと読み解くようにしましょう。

### ⋙ 例外の種類

例外には、以下のような種類があります。Rubyを学んでいく中で出会ったら、その度にここを参照して意味を理解していくようにしてください。

| 例外の種類 | 意味 | 本書での例 |
| --- | --- | --- |
| SyntaxError | Rubyの文法エラー | 7-1の [体験] ❶ Tips |
| NameError | 変数やメソッドが存在しない | 8-2の [体験] ❼ |
| NoMethodError | オブジェクトにメソッドが存在しない | 6-3の [体験] ❻ |
| ArgumentError | メソッドの引数の数が一致しない | 6-4の [体験] ❷ |
| TypeError | メソッドの引数に指定されたオブジェクトのクラスが一致しない | 8-1の [体験] ❷ |

## まとめ

- プログラムの、対処すべきエラーを例外と呼ぶ
- 例外が発生すると決まった書式でエラーメッセージが表示される
- 例外にはさまざまな種類がある

第 8 章 エラー処理と例外をプログラミングする

# 2 発生した例外をつかまえよう

完成ファイル [08_02]

**予習　プログラム実行中に発生する例外をつかまえよう**

プログラムを実行した結果、例外が発生した時点でプログラムが途中で止まってしまいます。処理によっては、例外が発生してもプログラムを止めず先に進めたい場合もあります。Rubyには、発生した例外をつかまえるための仕組みが備わっています。このように例外を捕捉するための仕組みを**例外処理**と呼びます。例外処理を行うことで、例外が発生してもプログラムを止めることなく、例外を処理しつつ、後続の処理を継続できます。

>>> 例外を適切に処理すれば実行は中断されない

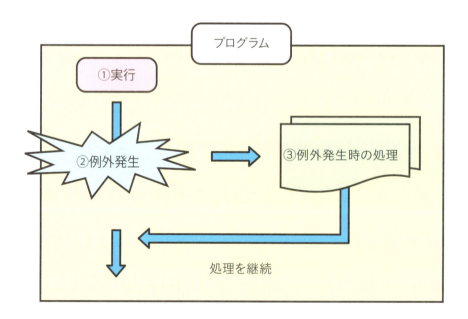

## 体験 例外を捕捉するプログラムを記述してみよう

### 1 基本的な例外処理のプログラムを保存する

テキストエディタを開いて以下のようなプログラムを記述し❶、ファイル名を「exception.rb」として保存します。「begin 〜 rescue => e 〜 ensure」が例外処理に関する部分です。「ensure => e」のはたらきも確認しましょう。

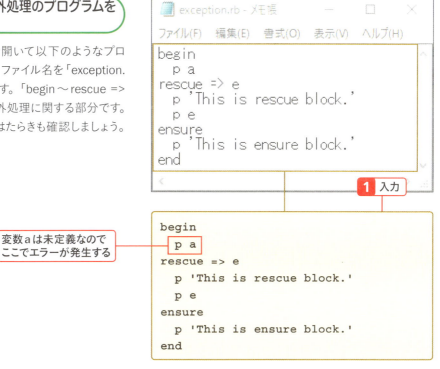

❶ 入力

変数aは未定義なのでここでエラーが発生する

```
begin
  p a
rescue => e
  p 'This is rescue block.'
  p e
ensure
  p 'This is ensure block.'
end
```

## 2 保存したプログラムを実行する

コマンドライン上でファイルを保存したフォルダーに移動し、プログラムを実行します❶。実行結果に「"This is rescue block."」、NameErrorが表示されます。

```
"This is rescue block."
#<NameError: undefined local variable or method `a' for main:Object>
"This is ensure block"
```

>>> Tips

エラーメッセージが表示されていますが、ここではエラーは発生していません。エラーが発生したとき、メッセージがrescue => eで指定した変数eに格納されます。その文字列を表示しているだけです。

## 3 例外が発生しないプログラムを保存する

「exception.rb」の先頭に、右のコードを追加して❶保存します。

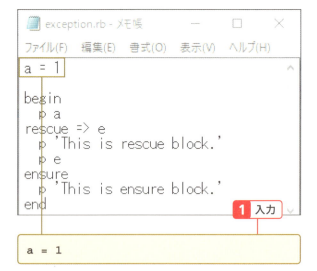

## 4 保存したプログラムを実行する

❷を参考に実行します❶。実行結果に「1、"This is ensure block."」が表示されます。例外が発生しないためensureブロックのみが実行されました。

## 理解 例外処理の構文をおさえよう

### >>> 例外を捕捉するための基本的な構文

例外処理のための構文は、例外が発生するかもしれない処理を begin～rescue で、例外が発生した時の処理を rescue～ensure で記述します。ensure～end には、例外が発生してもしなくても実行される処理を記述します。ensure 句は省略しても構いません。

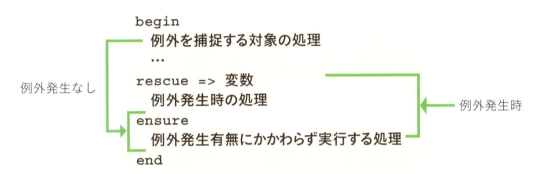

rescue 句には、rescue => 変数と記述することで、発生した例外の内容を変数に代入し、rescue ブロックで参照できます。たとえば、変数.message でエラーメッセージを取得できます。rescue 句の変数は省略可能です。

### >>> メソッドでの例外処理の省略形

メソッドで例外処理を記述する場合、基本は同じように書けます。ただし、メソッド全体が例外処理の対象になる（begin～end がかかる）場合は、begin 句を省略できます。

### >>> def,rescue,ensure,endでインデントを揃える

```
def メソッド
  例外を捕捉する対象の処理
rescue
  例外発生時の処理
ensure
  例外有無にかかわらず実行する処理
end
```

## COLUMN 例外の種類ごとに捕捉する

例外の種類に関係なくすべての例外をつかまえて同じ処理を行いたい場合は、先程紹介したようにrescue句を記述します。一方で、例外の種類ごとに違う処理を行いたい場合は、以下のようにresucue句の直後に例外の種類（例外クラス）を指定します。

```
begin
    例外を捕捉する対象の処理
resucue NameError
    例外がNameErrorの場合行う処理
resucue NoMethodError
    例外がNoMethodErrorの場合行う処理
end
```

なお、例外の内容をrescue句で参照する場合は、resucue NameError => eのように記述します。

## まとめ

- 例外を捕捉したい処理を**begin**句に記述する
- 例外が発生した場合にのみ実行したい処理を**rescue**句に記述する
- 例外の有無にかかわらず実行したい処理を**ensure**句に記述する
- メソッド内部の例外処理は**begin**句を省略できる場合がある

# 第8章 エラー処理と例外をプログラミングする

## 3 例外を発生させよう

完成ファイル [08_03]

 予習 例外を発生させる場面があることを確認しよう >>>

実装するプログラムによっては、例外を意図的に発生させたい場面では **raise** を使います。たとえば、メソッドに指定された引数がnilでないことを前提としたプログラムとしたい場合、もしもnilが引数で渡された場合は例外を発生させる対策が考えられます。独自に例外を定義するようなことにも使えます。

また、例外をrescue句で捕捉した後に例外用の処理を実行した後、再度捕捉した例外を発生させたい場合もあります。例外を捕捉した後に動作記録用のテキストファイル（ログファイル）に例外が発生した時の状況を詳細に出力してから、呼び出し元のプログラムには再度例外を通知するような場面です。

このように例外を意図的に発生させるためには、raiseが用意されています。

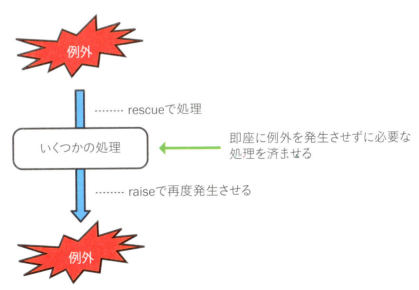

8-3 例外を発生させよう 201

## 体験 例外を意図的に発生させよう

### 1 rescue句で例外を再発生させるプログラムを保存する

テキストエディタを開いて右のプログラムを記述し、ファイル名を「raise.rb」として保存します❶。

>>> **Tips**
e.messsageについては[理解]で解説しています。

```
begin
  # TypeError例外を発生
  raise TypeError, 'original error'
rescue => e
  p e.message
  # 例外処理後に例外を再発生
  raise
end
```

### 2 保存したプログラムを実行する

コマンドライン上でファイルを保存したフォルダーに移動し、プログラムを実行します❶。実行結果に「"original error"」、TypeErrorが表示されます。エラーメッセージを表示した後に、エラーで終了しています。

```
"original error"
raise2.rb:2:in `<main>': original error (TypeError)
```

理解 | **例外を発生させるraiseを理解しよう**

### >>> 例外を発生させるraise命令

例外を意図的に発生させるには、raise命令（メソッド）を使用します。

```
raise 'エラーメッセージ'
```

```
raise 例外の種類, 'エラーメッセージ'
```

引数には、先頭から「例外の種類」「エラーメッセージ」の順で指定します。「例外の種類」は省略可能です。この例外を呼び出し元で rescue => e で捕捉すると、e.message でエラーメッセージを取得できます。

### >>> rescue句で捕捉した例外を再発生させる

begin～end の rescue 句で例外を捕捉した場合に、raiseを引数なしで呼び出すと、捕捉した例外を再発生させます。

```
begin
    例外が発生する処理
rescue
    ...
    raise     raiseでは「例外が発生する処理」と同じ例外を発生させる
end
```

## まとめ

- 例外を意図的に発生させる場合はraiseを使う
- raiseを使うと例外の種類やエラーメッセージを指定できる
- rescue句で捕捉した例外をraiseで再発生させられる

# 第8章 練習問題

## ■問題1

次の文がそれぞれ正しいかどうかを○×で答えなさい。

①例外を捕捉するには、必ず begin～end で囲む必要がある
②オブジェクトに存在しないメソッドを呼び出すと NoMethodError が発生する
③rescue句で例外を捕捉した場合に同じ例外を投げることはできない

## ■問題2

次のプログラムは、税込み額を算出するクラスです。"tax_rate < 0.08" というエラーメッセージを出力したあと、プログラムが例外で終了します。プログラムを埋めて正しく動作するよう完成させなさい。

```
class TaxCalc
  attr_accessor :price
  def initialize(tax_rate: 0.08)
    raise ArgumentError,   ①    if tax_rate < 0.08
    @tax_rate = tax_rate
  end
  def tax_included
    tax = (price * @tax_rate).to_i
    price + tax
  end
end


begin
  calculator = TaxCalc.new(tax_rate: 0.08)
  calculator.price = 100
  p calculator.tax_included
    ②    =>e
  p    ③
  raise
end
```

204 | 8 エラー処理と例外をプログラミングする

# 第9章
# モジュールやライブラリを活用する

9-1　モジュールの書き方を学ぼう

9-2　標準ライブラリを使おう

9-3　ライブラリを活用しよう

第9章　練習問題

# 第9章 モジュールやライブラリを活用する

## 1 モジュールの書き方を学ぼう

完成ファイル [09_01]

 **予習** モジュールについて知ろう

**モジュール**とは、処理（メソッド）をひとまとまりにする仕組みです。クラスと似ていますが、クラスとは以下の点で異なります。

- クラスのようにインスタンスを生成することはできない
- 継承できない

クラスはオブジェクトの設計図です（**7-1**参照）。これに対して、モジュールはオブジェクトによらず単に処理のまとまりを整理するための仕組みです。オブジェクトに直接関連しない共通処理を複数箇所から呼び出すのに使います。定義方法などもクラスと似ています。モジュールの定義では**module**という宣言を使います。

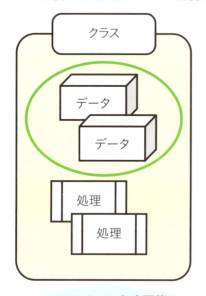

インスタンス生成**可能**

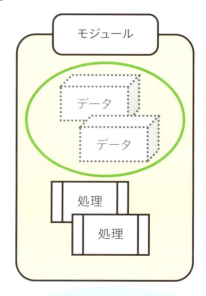

インスタンス生成**不可能**

## 体験 オリジナルのモジュールを定義して使ってみよう

### 1 クラスからモジュールをincludeして使うプログラムを保存する

テキストエディタを開いて右のプログラムを記述し❶、ファイル名を「module1.rb」として保存します。モジュールを定義した後に、モジュールを使うクラスを定義し、そこから実際にインスタンスを生成しています。

>>> **Tips**
ここではファイルを「C:¥Users¥Public¥Documents¥ruby¥09_01」に保存します。

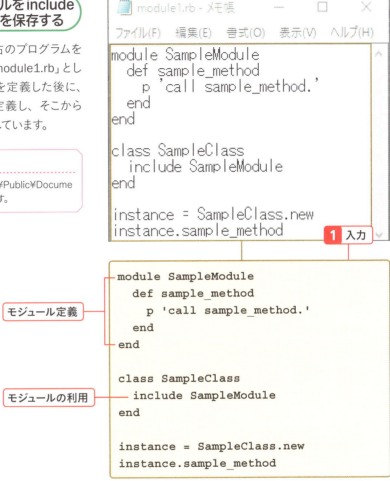

モジュール定義:
```
module SampleModule
  def sample_method
    p 'call sample_method.'
  end
end
```

モジュールの利用:
```
class SampleClass
  include SampleModule
end

instance = SampleClass.new
instance.sample_method
```

### 2 保存したプログラムを実行する

コマンドライン上でファイルを保存したフォルダーに移動し、プログラムを指定して実行します❶。実行結果に「"call sample_method."」が表示されます。モジュールの中のメソッドが使えました。

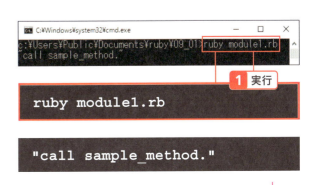

```
ruby module1.rb
```

```
"call sample_method."
```

### 3 クラスからモジュールをextendして使うプログラムを保存する

テキストエディタを開いて右のプログラムを記述し①、ファイル名を「module2.rb」として保存します。モジュールを定義したあとに、モジュールを使うクラスを定義しています。そのクラスから直接クラスメソッドにアクセスします。

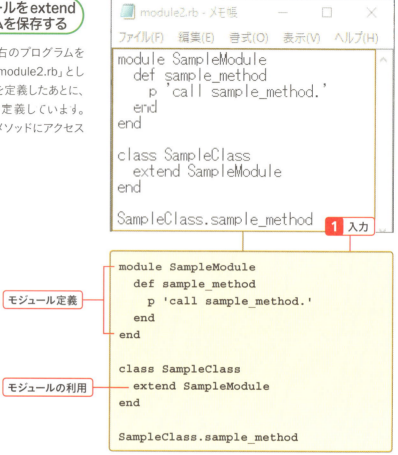

モジュール定義

```
module SampleModule
  def sample_method
    p 'call sample_method.'
  end
end
```

モジュールの利用

```
class SampleClass
  extend SampleModule
end

SampleClass.sample_method
```

### 4 保存したプログラムを実行する

②を参考に実行します①。実行結果に「"call sample_method."」が表示されます。モジュール内のメソッドをクラスメソッドとして使用できました。

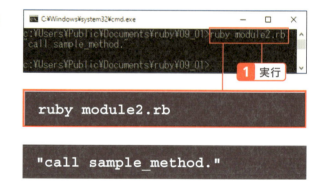

```
ruby module2.rb
```

```
"call sample_method."
```

## モジュールの定義方法

モジュールは、全体をmodule～endでくくるという他は、クラスとほぼ同じように表せます。名前もクラスと同じく、大文字はじまりで表します。

```
module モジュール名        ← 先頭大文字
   def メソッド名
       実行する処理
       ...
   end
end
```

## モジュールのメソッドをインスタンスメソッドとして組み込む

モジュールで定義したメソッドを、インスタンスメソッド（6-2 参照）としてクラスに組み込むには、includeメソッドを利用します（[体験]❶参照）。

```
include モジュール
```

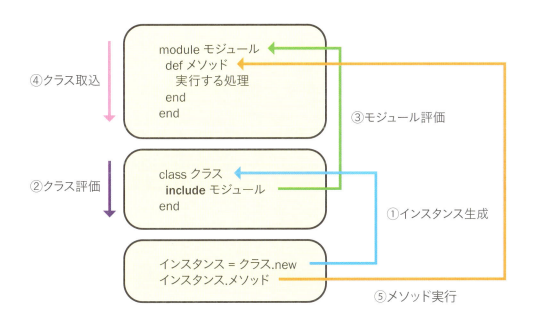

9-1 モジュールの書き方を学ぼう

### ▶▶▶ モジュールのメソッドをクラスメソッドとして組み込む

モジュールのメソッドは、クラスメソッド（6-2、7-3参照）として組み込むこともできます。これには、extendメソッドを利用します（[体験]❷参照）。

`extend モジュール`

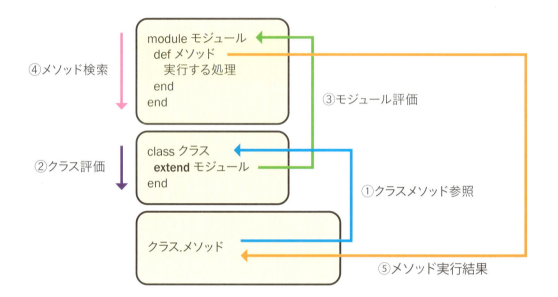

## まとめ

- モジュールは処理のまとまりを表現する方法である
- モジュールはそれ自身でインスタンスを生成したり、継承したりはできない
- モジュールに定義したメソッドは、include／extend命令でクラスに組み込める

第 9 章 モジュールやライブラリを活用する

# 2 標準ライブラリを使おう

完成ファイル [09_02]

 予習 **Rubyに備わっているライブラリを知ろう** >>>

Rubyには、特定の用途に特化した便利な処理をまとめたプログラムがあらかじめ備わっています。このようなプログラムのことを**標準ライブラリ**、または単に**ライブラリ**と呼びます。例えば、プログラム実行時点の年月日を確認したり、Webサイトにアクセスしたりなど、より複雑な処理をするためにライブラリを用いることで、より簡単にプログラムを記述することができます。

ライブラリには、様々なものがあり、本書ではすべては紹介できませんが、代表的なものを取り上げて実際に使ってみます。

| ライブラリの例 | 用途 |
| --- | --- |
| date | 日付に関する処理をまとめたライブラリ |
| open-uri | 外部のwebサイトなどにアクセスする処理をまとめたライブラリ |
| json | JSON形式のデータに関する処理をまとめたライブラリ |

# いくつかのライブラリを使ってみよう

## 1 dateライブラリを使うプログラムを保存する

テキストエディタを開いて右のプログラムを記述し❶、ファイル名を「library1.rb」として保存します。dateライブラリを読み込み、dateライブラリ内で定義されているDateクラスを活用しています。変数day_of_the_weeksは曜日をまとめた配列です。添字に、今日が週の何日目かを示すtoday.wdayを利用して曜日を取り出します。today.strftime()で日付の情報を見やすい形でまとめています。

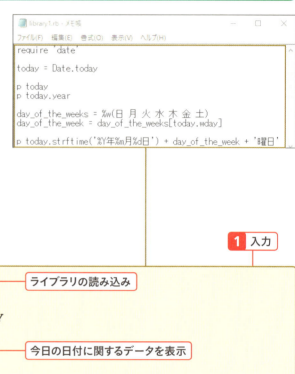

**❶入力**

```
require 'date'                    ← ライブラリの読み込み

today = Date.today

p today                           ← 今日の日付に関するデータを表示
p today.year

day_of_the_weeks = %w(日 月 火 水 木 金 土)
day_of_the_week = day_of_the_weeks[today.wday]

p today.strftime('%Y年%m月%d日') + day_of_the_week + '曜日'
```

## 2 保存したプログラムを実行する

コマンドライン上でプログラムを指定して実行します❶。実行結果にDateオブジェクトが表示された後、実行された時点での年月日と曜日などが表示されます。実際の結果は、紙面上の結果とは異なります。

**❶実行**

`ruby -Ku library1.rb`

```
#<Date: 2017-11-18 ((2458076j,0s,0n),+0s,2299161j)>
2017
"2017年11月18日水曜日"
```

### 3 open-uriライブラリを使うプログラムを保存する

テキストエディタを開いて右のプログラムを記述し❶、ファイル名を「library2.rb」として保存します。open-uriライブラリを取り込み、その中で定義されたopenメソッドの引数にURLを指定して内容を取得します。

ライブラリの読み込み

```
require 'open-uri'

file = open('http://www.google.co.jp')
p file.read
```

### 4 保存したプログラムを実行する

PCをインターネットに接続した状態で、プログラムを実行します❶。Googleのトップページから読み込んだHTMLが、そのまま表示されます。

```
ruby library2.rb
```

`"<!doctype html><html itemscope=\"\" itemtype=\"http://schema.org/WebPage\ ...(google.j.xi,0);}\n</script></div></body></html>"`

---

### 📝 COLUMN 文字表示が読み取れない

openメソッドで取得してreadメソッドで読み取ったWebサイトの情報はそのままではほとんど読み取れません。これはWebサイトがそのまま表示されるわけではなく、HTML（Webサイトの文章や構造を記す言語）が表示され、日本語はそのままでは表示されないためです。

9-2 標準ライブラリを使おう | 213

## 5 jsonライブラリを使うプログラムを保存する

テキストエディタを開いて右のプログラムを記述し①、ファイル名を「library3.rb」として保存します。JSON（文字列）をRubyで処理しやすいハッシュに変換しています。

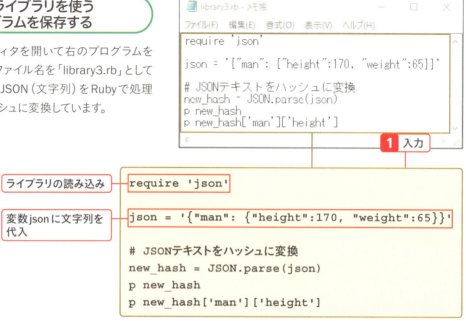

| ライブラリの読み込み | `require 'json'` |
| --- | --- |
| 変数jsonに文字列を代入 | `json = '{"man": {"height":170, "weight":65}}'` |

```
# JSONテキストをハッシュに変換
new_hash = JSON.parse(json)
p new_hash
p new_hash['man']['height']
```

## 6 保存したプログラムを実行する

コマンドライン上でプログラムを指定して実行します①。実行結果に右のJSONデータから読み取ったデータが表示されます。JSONをハッシュに変更し、処理できました。

`ruby library3.rb`

```
{"man"=>{"height"=>170, "weight"=>65}}
170
```

## 理解 代表的なライブラリを知ろう

### ▶▶▶ ライブラリを利用するには？

ライブラリを利用するには、**require** メソッドでライブラリを読み込んでおく必要があります。たとえば require 'date' では、date ライブラリを読み込み、配下の **Date クラス**を利用できるようにしています。

### ▶▶▶ date ライブラリ

Date クラスでは、today メソッドにアクセスすることで、現在の日付を取得できます。Date オブジェクトで利用できる主なメソッドは以下の通りです。

| メソッド | 戻り値 |
| --- | --- |
| year | 年 |
| month | 月 |
| day | 日 |
| wday | 曜日（0＝日曜～6＝土曜） |
| strftime（フォーマット） | 引数で指定したフォーマットに変換した文字列 |

strftime メソッドには、日付データを整形するための**書式文字列**を指定します。書式文字列の中に、パーセント（%）ではじまる特殊な文字列を指定すると、Date オブジェクトが持つ値で置き換えてくれます。

| フォーマット | 意味 | 結果例 |
| --- | --- | --- |
| %Y | 4桁の西暦 | 2017 |
| %m | 2桁の月（1桁の場合は先頭がゼロ埋めされる） | 01 |
| %d | 2桁の日（1桁の場合は先頭がゼロ埋めされる） | 02 |
| %a | 曜日の英語短縮表記 | Mon |
| %w | 0から6の整数で表した曜日 | 1 |

体験の例であれば、たとえば Date オブジェクト.strftime('%Y年%m月%d') とすると、出力例が **2017年11月18日** なので、%Y は年、%m は月、%d は日でそれぞれ置き換わっていることがわかります。

### ▶▶▶ open-uri ライブラリ

open-uri を require すると、元々コンピューター内のファイルを操作する為に用意されている open メソッドを拡張することができます。open メソッドの引数に URL を指定すると、プログラムを実行しているコンピューターから指定した URL にインターネットを通じてアクセスし、一時的なファイルに URL の実行結果が保存されます。一時ファイルに保存された内容は、read メソッドで読み込みます。

### ▶▶▶ json ライブラリ

JSON とは、JavaScript Object Notation の略称で、データを表現するためのフォーマットです。Ruby のハッシュのような形式となっており、人が見てもわかりやすく、コンピューターにとっても扱いやすいデータ形式です。コンピューター同士でデータのやり取りをする場合によく使われます。

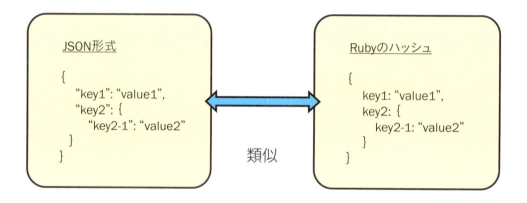

json を require すると、JSON を扱う便利なメソッドが使えるようになります。[体験] の例では、JSON 形式のテキストを JSON.parse で Ruby のハッシュに変換しています。

## まとめ

- **Ruby には、目的に特化した処理をまとめたものであるライブラリがある**
- **外部ファイルで定義されたライブラリを利用するには、require を利用する**

第 9 章 モジュールやライブラリを活用する

# 3 ライブラリを活用しよう

完成ファイル [09_03]

## 予習 ライブラリを活用してAPIを使ってみよう

ここでは、9-2で紹介した3つのライブラリ使って、Facebookのトップページについている「いいね！」の数を取得するプログラムを記述します。Facebookのいいねの数を取得するには、Facebook社が公開している**グラフAPI**を使用します。いいね数を取得したい対象のURLを指定してグラフAPIを実行すると、いいね数を含んだ結果がJSON形式のテキストで返却されます。

また、最終的にはいいね数と実行した日付を含むハッシュを返すようにします。

9-3 ライブラリを活用しよう 217

# ページのいいね数を取得しよう

## 1 FacebookグラフAPIの実行結果を表示するプログラムを保存する

テキストエディタを開いて右のプログラムを記述し❶、ファイル名を「like_counter.rb」として保存します。FacebookグラフAPIにアクセスし、JSON形式で返却されるデータを処理することでいいね数を取得しています。

```ruby
require 'open-uri'
require 'json'

class FbShareCounter
  BASE_URL = 'http://graph.facebook.com/?id='

  def initialize(target_url)
    @request_url = BASE_URL + target_url
  end

  def count
    response = open(@request_url).read
    hash = JSON.parse(response)
    hash['share']['share_count']
  end
end

counter = FbShareCounter.new('http://gihyo.jp')
p counter.count
```

- FacebookグラフAPIのURL → `BASE_URL = 'http://graph.facebook.com/?id='`
- いいね数のカウント対象URLを指定 → `def initialize(target_url)`
- 算出処理のメソッド → `def count`
- グラフAPIにアクセスして文字列データを取得 → `response = open(@request_url).read`
- 文字列データ(JSON)をハッシュにする → `hash = JSON.parse(response)`
- ハッシュからいいね数を取得 → `hash['share']['share_count']`
- インスタンスを生成 → `counter = FbShareCounter.new('http://gihyo.jp')`

## 2 保存したプログラムを実行する

プログラムを実行します❶。実行結果にグラフAPIの実行結果がテキストで表示されます。URLを変えて試してみましょう。

`ruby like_counter.rb`

`598`

## ライブラリを使ったプログラムの理解を深めよう

### >>> APIとは

APIとは、Application Programming Interfaceの略称で、アプリケーションが持っているデータを公開する仕組みのことです。例えば、Facebook社が持っている「いいね！」の数は、グラフAPIによってWeb上で参照できる形で公開されています。このように公開されているAPIを使うことで、様々な連携が可能になります。

### >>> FacebookのグラフAPI

FacebookのグラフAPIを使うと、指定したページの「いいね！」の数を取得できます。具体的には、「http://graph.facebook.com/?id=対象URL」のようなURLにアクセスすることで、「いいね！」の数を含んだJSON形式のテキストが返されます。以下は、具体的な戻り値の例です。

```
{
    "og_object": {          ← ページタイトルなど
        "id": "...",
        "title": "...",
        "type": "...",
        "updated_time": "..."
    },
    "share": {              ← シェア関連など
        "comment_count": ...,
        "share_count": ...   ← いいねの数
    },
    "id": "http://www.facebook.com"   ← 指定URL
}
```

### ▶▶▶「いいね！」数の取得

グラフAPIからの戻り値（JSONテキスト）をハッシュに変換するのは、parseメソッドの役割でした。あとは、取得したハッシュからshare－share_countキーにアクセスすることで、「いいね！」数を取得できます。

```
hash = {
  "og_object": {
    "id": "...",
    "title": "...",
    "type": "...",
    "updated_time": "..."
  },
  "share": {
    "comment_count": ...,
    "share_count": ...
  },
  "id": "http://www.facebook.com"
}
```

いいねの数＝hash['share']['share_count']

## まとめ

- ライブラリを組み合わせて使うことでより便利なプログラムを簡単に記述できる
- 公開されているAPIを使うとプログラムでできることの幅が広がる

# 第9章 練習問題

## ■問題1

次の文がそれぞれ正しいかどうかを○×で答えなさい。

①クラスからモジュールをincludeするとモジュールに定義したメソッドをインスタンスメソッドとして利用できる

②Rubyにはライブラリが備わっており、何もしなくても利用できる

③jsonライブラリのJSON.parseを使うとJSON形式のテキストをハッシュに変換できる

## ■問題2

次のプログラムを実行すると何が表示されるか答えなさい。

```
module SampleModule
  def sample_method
    p 1
  end
end

class SampleClass
  extend SampleModule
end

SampleClass.sample_method
```

## ■問題3

次のプログラムは、実行した日付から30日後までの日曜日になる日付を表示するプログラムです。プログラムを埋めて完成させなさい。

```ruby
require '  ①  '

module SundayLister
  def   ②  .list(date)
    # 0から30まで繰り返し
    0.upto(30) do |i|
        # 指定した日付にi日加える
      plus_date = date + i

        # 日曜日でなければ次の繰り返し処理へ
      next unless plus_date.wday ==   ③

        # 日曜日なら日付を表示
      p plus_date.strftime('%Y-%m-%d(%a)')
    end
  end
end

date = Date.today
SundayLister.list(date)
```

222 ● 9 ● モジュールやライブラリを活用する

# 実践的なプログラミングに挑戦する

- 10-1 ファイルを操作しよう
- 10-2 正規表現で文字列を置き換えよう
- 10-3 ファイルを書き換えよう

第10章 練習問題

# 第10章 実践的なプログラミングに挑戦する

## 1 ファイルを操作しよう

完成ファイル | [10_01]

 予習　**Rubyのプログラムからファイルを読み書きしよう**

Rubyのプログラムを使って、より実践的な課題を解決していきましょう。ここではテキストファイルのデータをある法則にしたがって一括で書き換えるケースを想定します。
人が手作業で修正するにはその件数に限界があったり、ミスが発生したりする可能性がありますが、プログラムを書いて実行することで、素早く正確にデータを書き換えることができます。
このようにより一歩進んだRubyの活用をする為に、まずはファイルをプログラムから読み書きする方法を学びます。Rubyを使えば、簡単にファイル操作を行うことが実感できるでしょう。

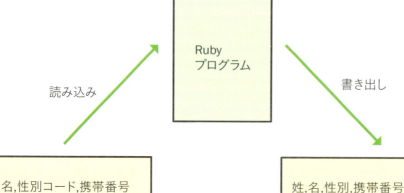

# 体験 色々な書き方でファイルの読み書きを試そう >>>

## 1 openメソッドを使ってファイルを 読み書きするプログラムを保存する

テキストエディタを開き、右のプログラムを記述し**1**、ファイル名を「file1.rb」として保存します。テキストファイルのファイル名を指定してファイルへの書き込み、ファイルからの読み込み処理を行います。

>>> **Tips**

ここではファイルを「C:¥Users¥Public¥Documents¥ruby¥10_01」に保存します。

```
file_path = 'sample.txt'

# テキストファイルに書き込み
open(file_path, 'w') do |f|
  f.puts('Hello, World!')
end

# テキストファイルからの読み込み
open(file_path, 'r') do |f|
  p f.read
end
```

## 2 openメソッドを使った プログラムを追記して保存する

続いてファイルに右のプログラムを追記します**1**。テキストファイルへの追記書き込みを行います。

```
# テキストファイルへの追記書き込み
open(file_path, 'a') do |f|
  f.puts('Hello, World!!')
end

# テキストファイルからの読み込み
open(file_path, 'r') do |f|
  p f.read
end
```

10-1 ファイルを操作しよう | 225

## ③ 保存したプログラムを実行する

コマンドライン上で、保存したプログラムをファイル指定して実行します。実行結果として、右のメッセージが表示されます。pメソッドで出力したものです。

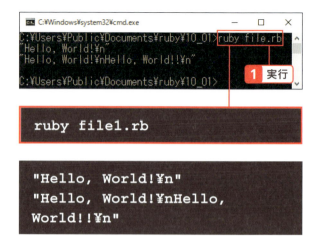

>>> **Tips**

¥nについては[理解]のコラムで解説します。

## ④ 作成されたsample.txtを開く

プログラムを実行した結果、sample.txtがプログラムを保存したので同じフォルダ上に出力されていること、中身が右の通りであることが確認できます。プログラムの通りに書き込めました。

## ファイル操作の基本的な記述方法を理解しよう

### >>> openメソッドの構文

ファイルを操作するには、まず**openメソッド**でファイルを開きます。openメソッドには、引数として「開くファイルのパス」「オープンモード」を指定します。変数fはファイルの読み書きに一般的に用いられる変数です。

```
open(ファイル名, モード) do |f|
    # 読み込み
    f.read
    # 書き込み
    f.write(書き込む内容)
end
```

※f = ファイルオブジェクトが入る変数（ブロック変数）

**オープンモード**はファイルをどのように開くかを決めるオプションで、主なものは以下です。

| モード | 用途 | 注意事項 |
| --- | --- | --- |
| r | 読み込み | 既に存在するファイルを指定 |
| w | 書き込み | 既に存在するファイルを指定した場合、既にある内容が失われるので注意 |
| a | 書き込み | 既に存在するファイルを指定した場合、末尾に追記する。既にある内容は失われない |

### >>> ファイルへの読み書き

開かれたファイルオブジェクトはブロック変数（[体験]では変数f）に渡されるので、そのread／writeメソッドでファイルを読み書きできます。当然、オープンモードに反した操作はエラーとなるので注意してください。例えばオープンモードrで開いたファイルにwriteメソッドによる操作はできません。

10-1 ファイルを操作しよう 227

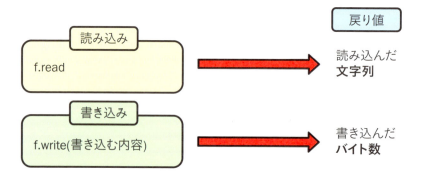

> **COLUMN** 改行コード

[体験] ❷の結果、"Hello, World!¥n"の「¥n」は、改行を表す記号（**改行コード**）です。コンピューターでは、改行も1つの文字として認識されます。

## まとめ

- ファイルを操作するにはopenメソッドを使う
- openメソッドにはファイルを開くモードが複数あり、用途によって使い分ける
- ファイルはread・writeメソッドで読み書きできる

# 第10章 実践的なプログラミングに挑戦する

## 2 正規表現で文字列を置き換えよう

完成ファイル [10_02]

 予習 **正規表現について学ぼう**

**正規表現**とは、プログラム上で文字の種類をまとめて取り出したり、一致するか確認したりする表現方法です。

正規表現を使うことで、文字数が多い文章の中から特定の形式に一致する部分を簡単に取り出したり書き換えたりすることができます。例えば、英語の文章から「aからはじまりrで終わる単語を集める」ことを正規表現を使ったプログラムで簡単に実現できます。

正規表現の記述方法は数多くあり、それだけで1冊の書籍になるほどです。よってすべてを紹介することはできませんが、ここでは代表的な例を取り上げます。正規表現を使いこなせるようになると、より複雑なテキストの置換などを簡単に行えるようになります。

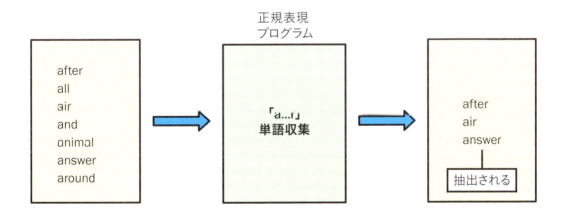

10-2 正規表現で文字列を置き換えよう 229

# 体験 | 正規表現で文字を操作しよう

## 1 正規表現に一致する単語を取り出すプログラムを記述し保存する

テキストエディタを開き右のプログラムを記述し❶、ファイル名を「regexp1.rb」として保存します。文字列（単語）を含んだ配列をselectでまとめて処理することで、それぞれの文字列に繰り返し処理を行っています。

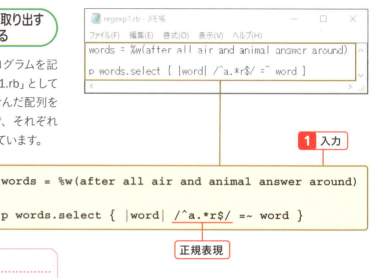

```
words = %w(after all air and animal answer around)

p words.select { |word| /^a.*r$/ =~ word }
```

正規表現

>>> Tips
ここではファイルを「C:¥Users¥Public¥Documents¥ruby¥10_01」に保存します。

## 2 保存したプログラムを実行する

コマンドライン上で保存したプログラムをファイルを指定して実行します❶。実行結果に**aではじまりrで終わる**単語が配列で表示されます。

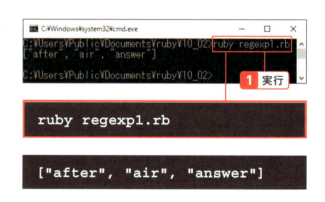

```
ruby regexp1.rb
```

```
["after", "air", "answer"]
```

>>> Tips
正規表現中では文字列を'などでくくる必要はありません。

## COLUMN 正規表現の表記

正規表現は文字を表現するのに、記号を多用するなど正規表現特有の記法を使います。そのため慣れていないと読みづらさを覚えることもあるでしょう。正規表現で使う記号については、［理解］で紹介しています。これを参考に読み解いてください。

## 3 正規表現に一致する数値を取り出すプログラムを記述し保存する

テキストエディタを開き右のプログラムを記述し **1**、ファイル名を「regexp2.rb」として保存します。matchメソッドの引数に正規表現を使っています。先頭から3文字、4文字、4文字の計11文字を示す正規表現です。変数dataの配列にはこの正規表現にしたがって、「tel全体」「telの先頭3文字」「telの続く4文字」「telの続く4文字」が格納されています。それらをpで表示します。

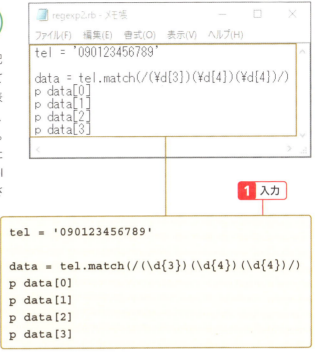

**1** 入力

```
tel = '090123456789'

data = tel.match(/(\d{3})(\d{4})(\d{4})/)
p data[0]
p data[1]
p data[2]
p data[3]
```

## 4 保存したプログラムを実行する

コマンドライン上で保存したプログラムをファイルを指定して実行します **1**。実行結果に「"09012345678"」「"090"」「"1234"」「"5678"」が表示されます。

**1** 実行

```
ruby regexp2.rb
```

```
"09012345678"
"090"
"1234"
"5678"
```

10-2 正規表現で文字列を置き換えよう

## 5 正規表現に一致する文字を書き換えるプログラムを記述し保存する

テキストエディタを開き右のプログラムを記述し❶、ファイル名を「regexp3.rb」として保存します。sub、gsubはそれぞれ正規表現に合致した箇所の文字を置き換えるための命令です。subは最初に合致した部分、gsubは合致したすべての部分を置き換えます。ここでは-を空の文字列（文字なし）に置き換えようとしています。

```
tel = '090-1234-5678'

p tel.sub(/-/, '')
p tel.gsub(/-/, '')
```

## 6 保存したプログラムを実行する

コマンドライン上で保存したプログラムをファイルを指定して実行します❶。実行結果に「0901234-5678」、「09012345678」が表示されます。それぞれ最初の-、すべての-が消えています。

`ruby regexp3.rb`

```
"0901234-5678"
"09012345678"
```

理解 | 正規表現の書き方やメソッドを確認しよう

## >>> 正規表現の記述方法

正規表現は、/正規表現/のように/（スラッシュ）でくくります。文字列が正規表現に合致することを**マッチする**といいます。
以下に、正規表現を利用した主な例を挙げておきます。

| 正規表現の例 | 意味 | 記述例 | 例の意味 | 例にマッチする文字列（例） |
|---|---|---|---|---|
| ^ | 次の文字が行頭 | /^a/ | 行頭がaではじまる1文字 | a |
| $ | 前の文字が行末 | /r$/ | 行末がrで終わる1文字 | r |
| . | 改行を除く1文字 | /a./ | aの後に1文字続く2文字 | ai |
| * | 直前の文字が0回以上繰り返す文字列 | /^a.*/ | 行頭がaではじまる文字列 | air |
| + | 直前の文字が1回以上繰り返す文字列 | /a+/ | aが続く文字列 | aa |
| {回数} | 直前の文字が「回数」分繰り返す文字列 | /a{3}/ | aを3回繰り返した文字列 | aaa |
| \w | 半角英数字1文字 | /\w+/ | 半角英数字の文字列 | pen1 |
| \d | 半角数字1文字 | /\d+/ | 半角数字の文字列 | 1234 |
| （正規表現） | 括弧で囲まれた正規表現に一致する文字列を後で取り出す | /(\d{3})/ | 半角数字が3つ続く文字列 | 090 |
| \ | 正規表現で特別な意味を持つ記号を文字列として扱う場合に使う | /\.$/ | 行末がドット(.)で終わる文字列 | . |

## >>> 文字列のマッチング位置を取得する「=~」演算子

/正規表現/ =~ 文字列とすることで、文字列が正規表現に一致した文字位置を取得できます（一致しなかった場合はnilを返します）。たとえば、/a/ =~ 'abc'は、とすると'abc'という文字列でaが現れるのは先頭の1番目なので文字列のインデックスに対応する0が返されます。

/正規表現/ =~ 文字列

10-2 正規表現で文字列を置き換えよう 233

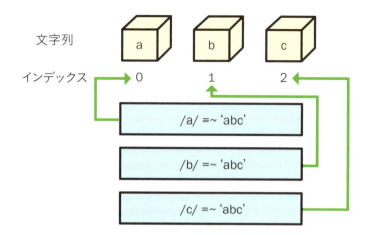

### ▶▶▶ マッチした文字列を取得するmatchメソッド

[体験]❸のように、文字列.match(/正規表現/)を使って、文字列が正規表現にマッチするか確認することもできます。matchメソッドの戻り値は、正規表現にマッチした文字列を含んだ配列です。

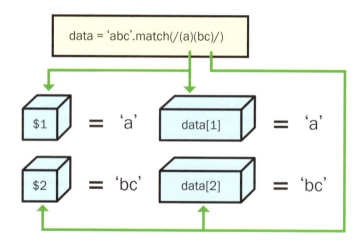

[体験]❸の例であれば、配列の先頭要素にはマッチした文字列全体（090123456789）が、1〜3番目の要素には丸括弧でくくられた部分にマッチした部分文字列（090、1234、5678）が、それぞれ格納されます。

丸括弧でくくられた正規表現を**サブマッチパターン**、サブマッチパターンに合致した文字列を**サブマッチ文字列**といいます。

> **COLUMN** $1、$2…
>
> 直前で使ったサブマッチ文字列は、matchメソッドの戻り値要素から取り出す他、$1、$2…という特殊変数から取り出すこともできます。[体験]❸のコードを次のように書き換えてください。
>
> ```
> p $1  # p data[1]
> ```
>
> 同じ結果が得られることを確認してみましょう。

### ▶▶▶ 文字列を置き換えるsub・gsubメソッド

**sub、gsubメソッド**を利用することで、正規表現に一致した部分文字列を置き換えできます。

文字列.sub(/検索する正規表現/,置換用の文字列)
文字列.gsub(/検索する正規表現/,置換用の文字列)

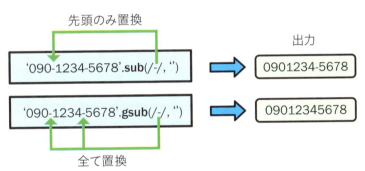

subとgsubの違いは、subは最初にマッチした文字列だけ置き換えるのに対して、gsubは全ての文字列を置き換える点です。[体験]❺でもsubは最初だけ、gsubは全てのハイフンが置き換わります。

## まとめ

- 正規表現で、曖昧なパターンで文字列を検索／置換できる
- 正規表現での文字列検索は=~演算子やmatchメソッドを使う
- 正規表現で文字列を置換するにはsub・gsubメソッドを使う

第 10 章 実践的なプログラミングに挑戦する

# 3 ファイルを書き換えよう

完成ファイル [10_03]

 予習 **ファイル操作と正規表現を実際に使ってみよう**

ファイル操作と正規表現を使って、より実践的なプログラムを記述します。ここでは、カンマ区切りのデータであるCSV形式ファイルを読み込み、各行のデータを書き換えて別のファイルとして書き出します。元のファイルは以下のような形式です。

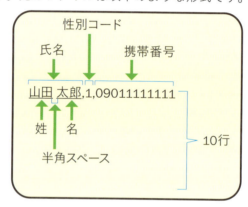

この形式を、姓名を別フィールドに分け、性別を日本語で記述し、携帯電話番号をハイフン区切りのCSVファイルに書き換えます。

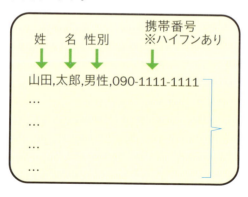

# 体験 ファイルを読み込んで正規表現で置換して書き出そう

## 1 ファイルを読み込むためのクラスを実装する

テキストエディタを開き、右のプログラムを記述し❶、ファイル名を「data_replacement.rb」として保存します。

データを書き換えるクラスを作成し、そこからインスタンスを生成、さらにインスタンスに入力ファイルと出力ファイルを設定して各行ごとにファイルを処理します。ARGV[0]とARGV[1]はRubyをCLIで実行するときに外部のファイルなどの情報を処理するためのものです（[理解]参照）。ここではデータを書き換えてはいません。

❶入力

```ruby
# データを書き換えるクラス
class DataReplacement
  attr_writer :inputfile, :outputfile

  # データを読み込むための処理
  def replace
    File.read(@inputfile).split("\n").each do |content|
      p content
    end
  end
end

replacement = DataReplacement.new
# 入力ファイルの指定
replacement.inputfile = ARGV[0]
# 出力ファイルの指定
replacement.outputfile = ARGV[1]
# データ書き換え
replacement.replace
```

>> Tips
attr_writerで書き込み専用のアクセサメソッドを設定しています。

>> Tips
Rubyで最初から使えるFileクラスのreadメソッドを利用しています。

10-3 ファイルを書き換えよう

## ❷ データを準備して実行する

サンプルファイルの「10_03」フォルダー配下にinputdata.csv（読み込み用ファイル）が用意されています。これをプログラムと同じフォルダーにコピーしてください。コマンドライン上でファイルを保存したフォルダーに移動し、プログラムを実行します❶。実行結果がinputdata.csvの中身と同じであることを確認します。

```
ruby -Ku data_replacement.rb inputdata.csv
```

```
"山田 太郎,1,09000000000"
"山田 花子,2,09011111111"
...中略...
"佐藤 李子,2,09099999999"
```

>>> Tips
attr_writerで書き込み専用のアクセスメソッドを設定しています。

## ❸ 名前、性別、携帯電話番号を書き換える処理を記述して保存する

作成した「data_replacement.rb」に対して、次のコードを追記し❶、上書き保存します。❶のコードと異なり、ここではデータを書き換える処理を追加しています。姓（変数last_name）、名（first_name）、性別（sec_code）、電話番号（tel）にファイルから読み取った情報を分割したあとに性別と電話番号を処理して新しく配列を作成しています。

>>> Tips
replaceメソッド内では複数の変数をカンマで区切って、それらに対して配列を代入しています。こうすると配列の各要素がそれぞれの変数に代入されます。

```ruby
# データを書き換えるクラス
class DataReplacement
  # インスタンス変数inputfile／outputfileを準備
  attr_writer :inputfile, :outputfile

  # データを書き換える処理
  def replace
    output = File.read(@inputfile).split("\n").map do |content|
      name, sex_code, tel = content.split(',')
      last_name, first_name = name.split
      [last_name, first_name, sex(sex_code), separated_tel(tel)].join(',')
    end.join("\n")
    File.write(@outputfile, output)
  end

  private
    # 性別コードを文字列に変換
    def sex(code)
      code.to_i == 1 ? '男性' : '女性'
    end

    # 携帯電話番号をハイフン区切りに変換
    def separated_tel(number)
      number.match(/(\d{3})(\d{4})(\d{4})/)
      "#{$1}-#{$2}-#{$3}"          # 文字列を返す
    end
end
```

## ④ 保存したプログラムを実行する

コマンドライン上で保存したプログラムを以下のように実行します。変換された結果が「outputdata.csv」に書き出されます。コマンドラインには結果は表示されません。

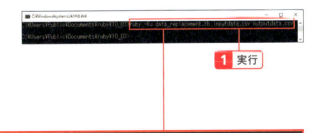

1 実行

```
ruby -Ku data_replacement3.rb inputdata.csv outputdata.csv
```

ファイル内容の例： 山田,太郎,男性,090-0000-0000

## 理解 より実践的なRubyの書き方を学ぼう

### >>> コマンドラインの引数を受け取るARGV変数

コマンドライン上で指定された引数は、変数ARGVに格納されます。ARGVは引数による配列です。この例であれば、ARGV[0]が第1引数（inputdata.csv）、ARGV[1]が第2引数（outputdata.csv）です。

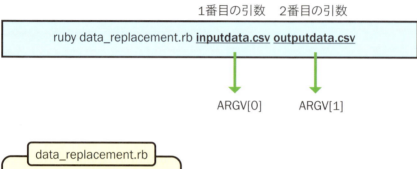

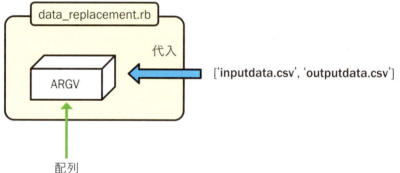

### >>> 配列の要素を変数にまとめて代入する方法

DataReplacementクラスのreplaceメソッドで、name, sex_code, tel = content.split(',') という記述があります。変数contentはCSVファイルのデータ1行分です。
ここでは、splitメソッドでカンマで分割した結果が「氏名」「性別コード」「携帯電話番号」の順に配列にセットされます。

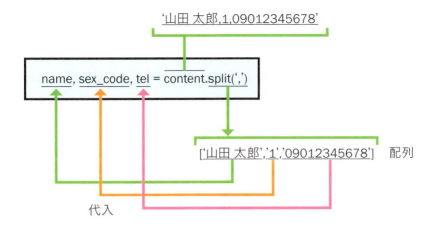

この配列の各要素を順番に代入しているのが左辺です。変数 name、sex_code、tel には配列の先頭要素から順に値が割り当てられます。

### >>> メソッドを流れるように呼び出すメソッドチェーン

同じく replace メソッドの中で、File.read(@inputfile).split("\n").map do 〜 end.join("\n") というコードがあります。read メソッドの結果で split メソッドを、更にその結果で map メソッドを…というようにメソッド呼び出しをドットで順につないでいるのです。

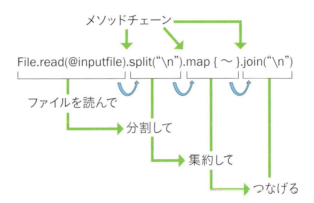

このようにメソッドをドットで数珠つなぎのようにして使うことを**メソッドチェーン**と呼びます。メソッドチェーンを利用することで「〜して、次に〜〜して」という手順を流れるように書けるので、プログラムがより直感的に表現できます。

### COLUMN　更にRubyへの理解を深めるために

本書では、プログラミング言語に触れたことがない方向けに、理解しやすいよう噛み砕いて表現しました。わかりやすさのために、紹介していない事柄もあります。読者が本書をきっかけとして、本格的にRubyに取り組むなら、ぜひ他の書籍も参照してください。

また、頭で理解することと、Rubyを手足のように使いこなすことは別です。なるべくRubyのプログラムを読み、手を動かすように心がけましょう。

## まとめ

- ARGV変数で、プログラムからコマンドライン引数を取得できる
- 配列の要素を変数にまとめて代入できる
- メソッドチェーンとは、メソッドの結果で別のメソッドを呼び出すこと

# 第10章 練習問題

## ■問題1

次の文がそれぞれ正しいかどうかを○×で答えなさい。

①コマンドラインでプログラムを実行する際、ファイル名の後に引数を指定するとプログラム内ではARGV[1]で値を取り出せる
②/b\w/ =~ 'abc' を実行すると1が返される
③open(ファイル名, 'a')の第2引数'a'は追記モードという意味である

## ■問題2

次のプログラムを実行すると何が表示されるか答えなさい。

```
contents = 'test'
filepath = 'test.txt'
File.write(filepath, contents)
p File.read(filepath)
```

## ■問題3

次のプログラムは、文字列の配列から、Rではじまる文字列、Jではじまる文字列、Pではじまる文字列を取り出すプログラムである。プログラムを埋めて完成させなさい。

```ruby
# 文字列の配列から指定した文字が先頭文字であるものを選ぶクラス
class WordsSelector
  # 文字列の配列を指定
  def initialize(  ①  )
    @words = words
  end

  # 指定した文字が先頭文字であるものを選ぶ
  def select(char:)
    @words.select { |word|   ②   =~ word }
  end
end

words = %w(C Java Perl PHP Ruby Python JavaScript)
selector = WordsSelector.new(words: words)

%w(  ③   J P).each do |char|
  p selector.select(char: char)
end
```

# 練習問題解答

## 第1章　練習問題解答

### ■問題1

① ○　　② ○　　③ ×

**解説** ③
Rubyプログラムを実行する方法は主に3つあります。

### ■問題2

① オブジェクト　　② まつもとゆきひろ　　③ スクリプト（インタープリタ型）　　④ -e
⑤ irb　　⑥ テキストファイル

## 第2章　練習問題解答

### ■問題1

① ○　　② ×　　③ ○

**解説** ②
Rubyでは全てのデータがオブジェクトとして表現され、その種類は数値や文字列など1つではありません。

### ■問題2

① String　　② 7　　③ 225

**解説** ①
'This is a pen.' は文字列です。文字列のオブジェクトの種類はStringです。

**解説** ②
/（スラッシュ）は割り算の商を求める演算子です。30÷4=7余り2なので商は7です。

練習問題解答　245

**解説** ③

**（連続するアスタリスク）はべき乗を求める演算子です。15の二乗は225です。

## ■問題3

① *

**解説** ①

変数 a には 4 が代入されており、4 と 8 を使って 32 を a に再度代入するには掛け算の代入演算子を使えば良いことがわかります。

## 第3章 練習問題解答

## ■問題1

① ○　　② ×　　③ ×　　④ ○

**解説** ②

配列に要素を追加する << 演算子は、配列の先頭ではなく末尾に要素を追加します。

**解説** ③

ハッシュのキーには文字列以外にもシンボルを使うことができます。

## ■問題2

③

**解説**

配列を定義する場合は、要素を「[」と「]」で囲みます。

## ■問題3

① 30　　② [:age]

**解説** ①

変数 man にはハッシュが代入されています。表示されるのは数値の 30 なので man[:age] には 30 を代入します。

**解説** ②

最後に p メソッドで表示するのは 30 を代入した man[:age] です。

# 第4章 練習問題解答

## ■問題1

① ○　　② ×　　③ ○

**解説** ②

case式以外にif式でも、elsifを使って複数の条件によって処理を分けることができます。

## ■問題2

②

**解説**

①は「aが0ならtrue」なのでtrueです。③は「aが1でないならtrue」なのでtrueです。②は「aは0より小さい、または0より大きい」となりaは0でどちらの条件にも当てはまらないことからfalseです。

## ■問題3

① case　　② 2　　③ 1

**解説** ①

when句によって処理を分岐しています。when句が使えるのはcase文です。

**解説** ②

a％3はaに5が代入されているので5を3で割った時の余りである2となります。when句の条件に実行する処理はpメソッドで表示していることから、最後のwhen句の表示処理が実行されるように2を入れる必要があります。

**解説** ③

最後に表示される数値は6なので、5が代入されているaに1を足すと6となります。よってaに1を足せば良いことがわかります。

練習問題解答 247

# 第5章 練習問題解答

## ■問題1

① ×　　② ×　　③ ○

**解説** ①
timesメソッドのブロックに渡される数字は0はじまりです。実行すると0から4までの数値が表示されます。

**解説** ②
eachメソッドは配列の先頭から順に処理を繰り返します。実行すると0,1,2の順で表示されます。

## ■問題2

10,8,6,4,2の順で数値が表示される。

**解説**
stepメソッドの2番目の引数が負の数なので**10から1まで2ずつ繰り下げて処理を繰り返す**ことになります。

## ■問題3

① 100　　② break

**解説**
uptoメソッドの引数には増やしたい値の最大値を指定します。また、loopメソッドの繰り返し処理を中断するにはbreakを使います。

## ■問題4

① map　　② c

**解説**
元の配列の要素に処理を繰り返し、新しい配列を返却するにはmapメソッドを使います。また、mapメソッドの繰り返し処理を行うブロックの先頭には、ブロック内部で使う変数を指定します。

# 第6章 練習問題解答

## ■問題1

① ○　　② ×　　③ ○

**解説** ②

メソッドを呼び出す場合は、原則としてメソッドの定義で指定されている引数と呼び出し元の引数の数が一致しないとArgumentErrorが発生します。

## ■問題2

[2500, 0]と[1667, 1]の配列が表示される。

**解説**

第1引数に指定した金額を第2引数で指定した人数で割り勘を計算するプログラムです。割り切れない場合は1だけ多めにして割り勘の金額を算出します。人数のデフォルトは2なので、5000円の場合は2500円ずつの割り勘で余るお金は発生しませんので0になります。人数が3人の場合は、5000円を割った商は1666円ですが割り切れないので1円足して1667円が割り勘の金額、3人が1667円出すと5001円となるので余るお金が1円発生します。

## ■問題3

① *numbers　　② sum

**解説** ①

変数numbersをeachで足し上げる処理が記述されていることから、numbersはメソッドに指定された全ての引数の配列であることがわかります。メソッドの引数全てを取得するにはメソッドを定義する際の引数にアスタリスク(*)を先頭に付与します。

**解説** ②

メソッドの戻り値は足し上げた合計の値なので、変数sumを戻り値に指定する必要があります。

練習問題解答 | 249

# 第7章 練習問題解答

## ■問題1

① ○    ② ×    ③ ○    ④ ×

**解説** ②
クラス内部で**@@変数名**としてアクセスできる変数はクラス変数です。インスタンス変数は**@変数名**としてアクセスします。

**解説** ④
attr_readerはインスタンス変数を外部から読み込みのみ可能にします。

## ■問題2

{:warikan_price=>1667, :otsuri=>1}が表示される。

**解説**
インスタンス変数のpriceとcountを指定して割り勘を計算するクラスです。割り切れない場合は割り勘額と余りのお金をハッシュ形式で表示します。priceに5000、countに3が指定されているので、計算結果は割り勘額が1667、お釣りが1となります。

## ■問題3

① :price    ② <    ③ 100

**解説** ①
TaxCalcクラスがnewされており、executeメソッドが呼び出されています。executeメソッド内の変数priceをあらかじめ親クラスのTaxCalcBaseクラスに定義する必要があります。アクセサメソッドが定義されているので、後に続く変数はシンボルにする必要があります。

**解説** ②
クラスを継承するには「<」という記号を用います。

**解説** ③
出力結果は税金が8なので、100をpriceに代入します。

## 第8章　練習問題解答

### ■問題1

① ×　　② ○　　③ ×

**解説** ①
メソッドで例外処理を記述する場合に、begin句を省略できるケースがあります。

**解説** ③
rescue句で例外を捕捉してから、同じ例外を投げる場合はraiseを使います。

### ■問題2

① 'tax_rate < 0.08'　　② rescue　　③ e.message

**解説** ①
initializeメソッドでraiseによって例外を発生させている箇所です。第1引数に例外が指定されているので、第2引数にはエラーメッセージを指定します。

**解説** ②
begin句ではじまり例外を捕捉する処理を記述するところなので、ここはrescue句です。

**解説** ③
直下の行でraiseしているので、捕捉した例外を再度発生させています。例外を発生させる前にエラーメッセージを表示するプログラムなので、e.messageとなります。

## 第9章　練習問題解答

### ■問題1

① ○　　② ×　　③ ○

**解説** ②
ライブラリを使う場合は使う前にrequire 'ライブラリ'を指定して、ライブラリを読み込む必要があります。

練習問題解答 | 251

## ■問題2

1が表示される。

**解説**

クラスからモジュールをextendすると、モジュールに定義されているメソッドをクラスメソッドとして利用することができます。この例では、SampleModuleに実装されているsample_methodの処理が実行されます。

## ■問題3

① date　　② self　　③ 0

**解説** ①

プログラムでは、Dateクラスを使用しています。Dateクラスを使用するにはdateライブラリをrequireする必要があります。

**解説** ②

SundayListerモジュールのlistメソッドを外部から呼び出しているので、このメソッドはモジュールメソッドとして公開されている必要があります。モジュールメソッドとして公開するにはselfを使ってメソッドを定義します。

**解説** ③

このプログラムは、日曜日だけを表示するプログラムです。Dateクラスのwdayメソッドは曜日を日曜日が0はじまりの0〜6までの数値で返します。日曜日は0なので③には0が入ります。なお、Dateオブジェクトに整数を足すとその日数分先のDateオブジェクトを得ることができます。

# 第10章 練習問題解答

## ■問題1

① ×    ② ○    ③ ○

**解説** ①
ファイル名を指定してプログラムを実行する場合、引数の1番目はARGV[0]で取り出すことができます。

## ■問題2

'test' が表示される。

**解説**
'test' という文字列を text.txt に書き出し、書き出したファイルの中身を読み込んでいるので 'test' が表示されます。

## ■問題3

① words:       ② /^#{char}/       ③ R

**解説** ①
WordsSelector クラスを new してインスタンスを生成する際に、キーワード引数で words を指定している為、initialize メソッドの引数もキーワード引数を指定します。

**解説** ②
word が指定した char の先頭に一致しているか正規表現で判断している箇所です。正規表現で先頭一致は /^/ を用います。また、char 変数を正規表現内で展開して用いるには #{char} で評価します。

**解説** ③
先頭文字がR、J、Pであるかを判定するプログラムであり、JとPは既に指定されているので、残りのRが入ります。

練習問題解答 | 253

# Index

# 索引

## ■記号・数字

| | |
|---|---|
| ' | 34 |
| - | 50 |
| -e オプション | 24 |
| -Ku オプション | 23 |
| != | 83 |
| " | 34 |
| # | 36 |
| #{} | 34 |
| % | 50 |
| %i | 71 |
| %w | 71 |
| % 記法 | 71, 74 |
| && | 94 |
| * | 50, 157 |
| , | 59, 68 |
| .rb | 23 |
| / | 50 |
| : | 69 |
| {} | 103 |
| \|\| | 94 |
| + | 50 |
| < | 83, 186 |
| << | 60, 172 |
| <= | 83 |
| = | 44 |
| =~ | 233 |
| == | 83 |
| > | 83 |
| >= | 83 |

## ■A, B, C, D

| | |
|---|---|
| ActiveScriptRuby | 10 |
| any? | 131 |
| Array | 162 |
| begin | 199 |
| break | 115 |
| case 式 | 89 |
| class | 162 |
| CLI (CUI) | 22 |
| date | 211 |
| Date | 215 |
| def | 150 |
| delete | 60 |
| delete_at | 61 |
| downto | 118 |

## ■E, F, G

| | |
|---|---|
| each | 108 |
| else | 82 |
| elsif | 90 |
| end | 36, 81, 186, 199 |
| ensure | 199 |
| for 式 | 118 |
| gsub | 235 |

## ■H, I, J

| | |
|---|---|
| Hash | 40, 162 |
| if (if-else) | 81 |
| insert | 60 |
| Integer | 162 |
| irb | 28 |
| json | 211 |

## ■L, M, N

| | |
|---|---|
| loop | 126 |
| map | 131 |
| match | 234 |
| module | 209 |
| next | 115 |
| nil | 29 |

## ■O, P, R

| | |
|---|---|
| open | 216, 227 |
| open-uri | 216 |
| p | 140 |
| private メソッド | 171 |
| public メソッド | 171 |
| push | 61 |
| puts | 140 |
| raise | 203 |
| read | 216 |
| require | 215 |
| rescue | 199 |
| Ruby | 16 |

## ■S, T, U

| | |
|---|---|
| select | 132 |
| Shift_JIS | 23 |
| step | 125 |
| store | 70 |
| String | 40, 162 |
| sub | 235 |
| Time | 143 |
| times | 102 |
| unless | 83 |
| until | 124 |
| upto | 125 |
| UTF-8 | 23 |

## ■W

| | |
|---|---|
| when | 89 |
| while | 115 |

write ..................................................... 227

## ■あ行
値（ハッシュ）........................................ 68
インスタンス ......................................... 160
インスタンス変数 .................................. 176
インスタンスメソッド ............................ 144
インデント ............................................. 81
エラー ................................................. 192
演算子 ................................... 50, 83, 233
オブジェクト ................................. 17, 162
オブジェクト指向 .................................. 17
オプション ............................................. 22
親クラス ............................................. 187

## ■か行
改行コード .......................................... 228
拡張子 ................................................... 23
環境構築 ............................................... 10
関数型メソッド ..................................... 144
キー（ハッシュ）..................................... 68
キーワード引数 .................................... 156
クラス ......................................... 162, 165
クラス変数 .......................................... 173
クラスメソッド ..................................... 171
繰り返し処理 .................................. 98, 102
継承 ................................................... 184
子クラス ............................................. 187
コマンド ............................................... 22
コマンドライン ..................................... 22
コメント ............................................... 36
コンパイラ型言語 .................................. 17

## ■さ行
サブクラス .......................................... 187
式の展開 ............................................... 34
条件分岐 ............................................... 78
真偽値 ................................................... 81
シンボル ............................................... 69
数値 ..................................................... 37
スーパークラス .................................... 187
スクリプト言語 ..................................... 17
正規表現 ..................................... 229, 233
制御構造 ............................................... 78
添字 ..................................................... 59

## ■た行
代入 ................................................ 44, 46
定数 ................................................... 173
テキストエディタ .................................. 20
デフォルト値 ....................................... 156

## ■は行
配列 ............................................... 54, 59

ハッシュ ............................................... 68
パブリックメソッド ............................... 171
半角スペース ................................... 22, 25
比較演算子 ............................................ 83
引数 ..................................................... 22
ファイルオブジェクト ........................... 227
複数行のコメント .................................. 36
浮動小数点数 ........................................ 40
プライベートメソッド ........................... 171
プログラミング ..................................... 14
プログラミング言語 .............................. 14
プログラムの実行方法 ...................... 20, 22
ブロック ............................................. 103
変数 ..................................................... 44

## ■ま行
マッチ ................................................. 233
まつもとゆきひろ（matz）....................... 16
メソッド ....................................... 28, 139
メソッドの定義 .................................... 150
メモ帳 ................................................... 20
文字コード ............................................ 23
モジュール ................................... 206, 209
モジュールのメソッド .................... 127, 209
文字列 ...................................... 34, 40, 160
戻り値 ......................................... 136, 139

## ■や行
要素（配列の要素）................................ 59

## ■ら行
ライブラリ .......................................... 211
例外 ............................................ 194, 199
論理演算子 ............................................ 94

255

## [著者略歴]

**竹馬力（ちくばつとむ）**

1978年福岡県生まれ。東京工業大学理学部地球惑星科学科卒。㈱ベンチャー・リンクを経てフリーランスエンジニアを7年経験。その後、ビルコム㈱にて新規事業の開発マネージャーを経て2013年㈱リブセンスに入社。Ruby on Railsによる不動産価格査定サイトIESHIL立ち上げを経て、現在、開発チームリーダー。

## [監修略歴]

**山田祥寛（やまだよしひろ）**

千葉県鎌ヶ谷市在住のフリーライター。Microsoft MVP for Visual Studio and Development Technologies。執筆コミュニティ「WINGS プロジェクト」の代表でもある。
主な著書：「改訂新版JavaScript本格入門」「Ruby on Rails 5アプリケーションプログラミング」（以上、技術評論社）、「独習シリーズ（サーバサイドJava・PHP・ASP.NET）」（以上、翔泳社）、「はじめてのAndroidアプリ開発　第2版」（秀和システム）など。

- ● **カバー・本文デザイン**
  小川　純（オガワデザイン）
- ● **カバーイラスト**
  日暮真理絵
- ● **DTP・本文イラスト**
  朝日メディアインターナショナル株式会社
- ● **編集**
  野田大貴
- ● **技術評論社ホームページ**
  https://gihyo.jp/book/

● **お問い合わせについて**

本書の内容に関するご質問は、下記の宛先までFAXまたは書面にてお送りください。なお電話によるご質問、および本書に記載されている内容以外の事柄に関するご質問にはお答えできかねます。あらかじめご了承ください。

〒162-0846
東京都新宿区市谷左内町21-13
株式会社技術評論社　書籍編集部
「3ステップでしっかり学ぶ　Ruby入門」質問係
FAX番号　03-3513-6167

なお、ご質問の際に記載いただいた個人情報は、ご質問の返答以外の目的には使用いたしません。また、ご質問の返答後は速やかに削除させていただきます。

# 3ステップでしっかり学ぶ
# Ruby入門

2018年 2 月 9 日　　初版　第1刷発行
2018年 7 月13日　　初版　第2刷発行

| | |
|---|---|
| 著者 | WINGSプロジェクト 竹馬力 |
| 監修 | 山田祥寛 |
| 発行者 | 片岡　巌 |
| 発行所 | 株式会社技術評論社 |
| | 東京都新宿区市谷左内町21-13 |
| | 電話　03-3513-6150　販売促進部 |
| | 　　　03-3513-6160　書籍編集部 |
| 印刷／製本 | 図書印刷株式会社 |

定価はカバーに表示してあります。

造本には細心の注意を払っておりますが、万一、乱丁（ページの乱れ）や落丁（ページの抜け）がございましたら、小社販売促進部までお送りください。送料小社負担にてお取り替えいたします。

本書の一部または全部を著作権法の定める範囲を越え、無断で複写、複製、転載、テープ化、ファイルに落とすことを禁じます。

©2018 WINGSプロジェクト

ISBN978-4-7741-9502-5　C3055
Printed in Japan